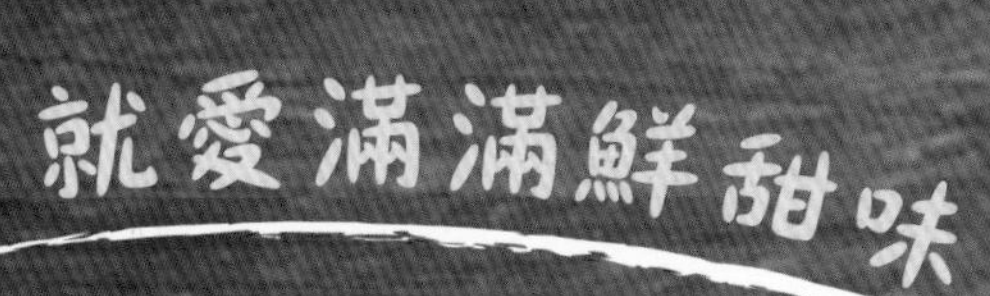

極鮮魚料理

99道食慾全開的絕讚好滋味

薩巴蒂娜◎主編

COFFEE
YOUR

就愛吃魚

我有一位朋友喜歡釣魚，而我喜歡吃魚，這是多麼浪漫的組合。

蒸魚，最簡單方便，只要有一點醬油或豉油，十多分鐘，就做出一道無上的美味。

炸魚，我相當愛吃，小小的魚裹上一點太白粉，入油鍋炸熟，炸到連骨頭都可以吃，最好做成椒鹽口味的。

生魚片或生魚壽司也很好吃。帶醋味的飯怎麼跟生魚這麼搭呢？每次至少吃十五貫（一貫指兩個壽司）。

海邊長大的我，愛吃媽媽做的紅燒白帶魚，一塊白帶魚就可以吃下一碗飯，吃完後剩下的骨頭，我們都笑說可以當梳子用。

爸爸做的煎鯧魚，我也超級愛吃，沒什麼刺，肉質又鮮嫩。父母親總說：「要多吃魚，多吃魚的人可聰明呢！」

順德的魚生撈起*，魚片晶瑩又彈牙，吃到我眉開眼笑，恨不得每年來住上幾個月。

在廣州吃海鮮粥當宵夜，每一口都有鮮美的魚肉，滿滿一大鍋，好吃到令人嘆息。

青島的朋友帶我去吃鮁魚韭菜餡餃子，一顆餃子有半隻手那麼大，沾一碟醋吃，飽到走不動。

到了晚上，又去吃鹽烤秋刀魚，帶魚子的最香了。

魚我所欲也，熊掌不是我所欲也，二者不可得兼，當然還是吃魚也。

※備註：「撈」是攪拌；「生」是魚生，意指將生的魚片跟其他食材攪拌在一起。

高欣茹

薩巴小傳：本名高欣茹。薩巴蒂娜是當時出道寫美食書時用的筆名。曾主編過五十多本暢銷美食圖書。

本書使用方式

極鮮魚料理，一煮就上手！

本書分為「配菜、湯粥、主食、輕食」四個章節，不但包含經典的魚肉大菜、鮮美的湯粥羹，使用魚肉製作的主食、輕食也一應俱全。對於魚的加工處理、常見魚的品種，更有詳盡的介紹，讓你輕鬆地烹調出好吃的魚！

容量對照表

1茶匙固體調味料＝5克　　1茶匙液體調味料＝5毫升
1/2茶匙固體調味料＝2.5克　　1/2茶匙液體調味料＝2.5毫升
1湯匙固體調味料＝15克　　1湯匙液體調味料＝15毫升

目錄
CONTENTS

1 CHAPTER 有魚的配菜

2 CHAPTER

有魚的湯粥

3 CHAPTER 有魚的主食

4 CHAPTER 有魚的 輕食

※ 書中（ ）表示為香港用語

料理前，先了解魚及處理方式

挑選技巧

魚體、魚態

魚的體形與口感有很大的關係，挑選體形適中的魚為宜。太小的魚發育不成熟，魚刺多、肉質不夠鮮嫩，太大的魚體內容易積聚太多有害物質。新鮮的魚拿起來身硬體直，頭尾往上翹，魚唇堅實，不變色，腹緊，肛門周圍呈一圓坑狀。

魚肉

新鮮魚肉組織緊密，肉質堅實富有彈性，指壓後魚肉凹陷立即消失。

魚鰭、魚鱗

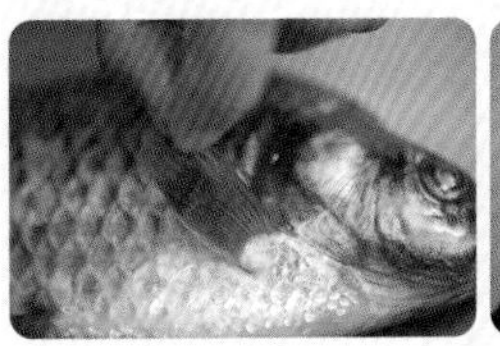

新鮮魚的魚鰭緊貼表皮、完好無損、色澤光亮。魚鱗表層有透明的黏液，鱗片與魚體貼附緊密，未有脫落。

魚鰓

新鮮魚的鰓蓋緊閉，魚鰓色澤鮮紅，黏液透明，具有淡水魚的土腥味和海魚的鹹腥味，無異味。

魚眼

新鮮魚的魚眼飽滿凸出，角膜透明清亮，富有彈性。魚眼灰暗無光，眼球模糊不清，並成凹狀，則表示魚不夠新鮮。

魚腹

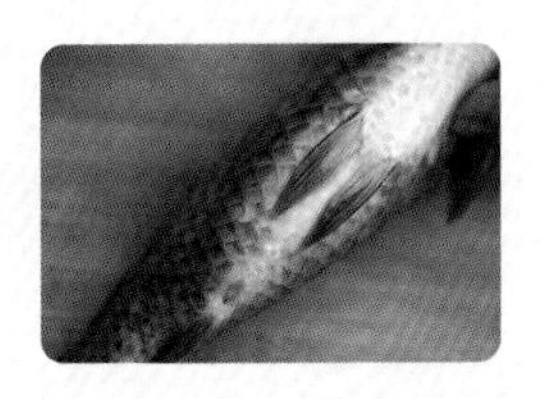

新鮮魚的腹部正常，不膨脹，肛孔呈白色，凹陷，有很自然的紋理。

前期清理

1 去鱗

魚鱗內部結構緊密，排列有序，能保持魚體的外形，同時提供一道保護屏障。因魚鱗堅實質硬，影響口感，所以在烹煮前都會把魚鱗刮掉。

①在水中加入適量醋。

②將魚放入醋水中浸泡 10 分鐘。

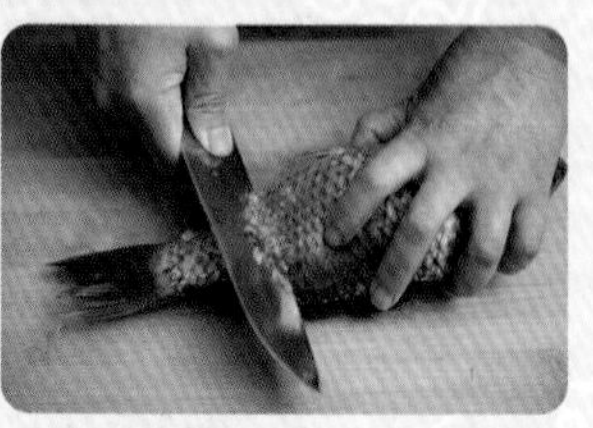
③待魚鱗變鬆動，用刀子從魚尾向魚頭方向慢慢刮推，再將兩側和魚腹的部位刮淨，最後用清水沖淨即可。

除了上述方法，還可以把開水淋在魚身上，放入冷水中浸泡，魚鱗也容易刮掉。

2 去鰓

魚鰓不僅是魚的呼吸器官，也是重要的排毒器官，因此吃魚時一定要去除魚鰓。

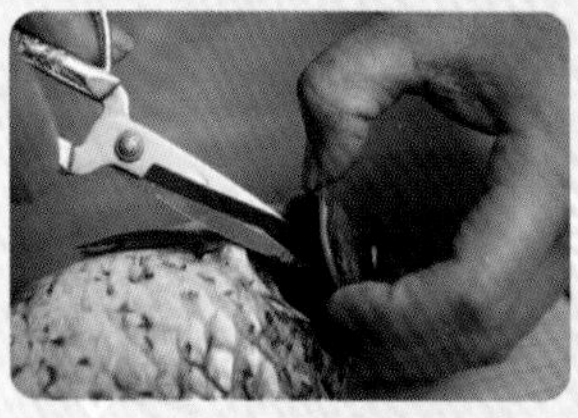
①用剪刀尖貼近魚鰓底部往外挑。

②從鰓口處剪開，剪到三分之二即可。

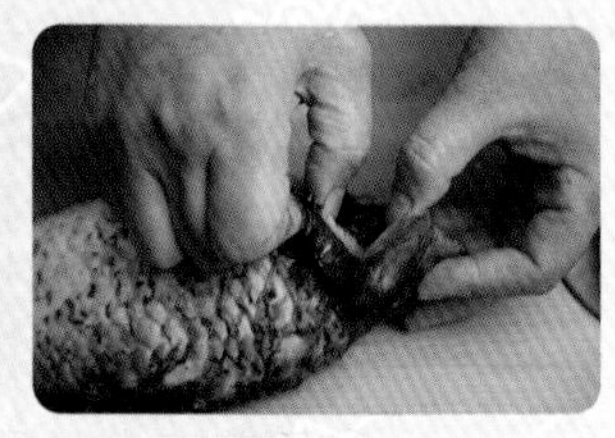
③將手指伸進去直接拉到頭上那根筋，整個拉出，避免破損。

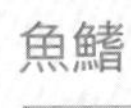

魚鰭

魚鰭是魚的游泳器官，能幫魚快速游動，保持平衡。但魚鰭的腥味較重，一般都要去掉。

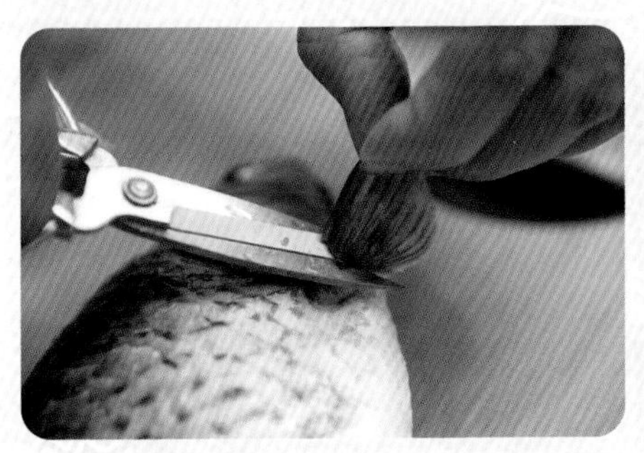

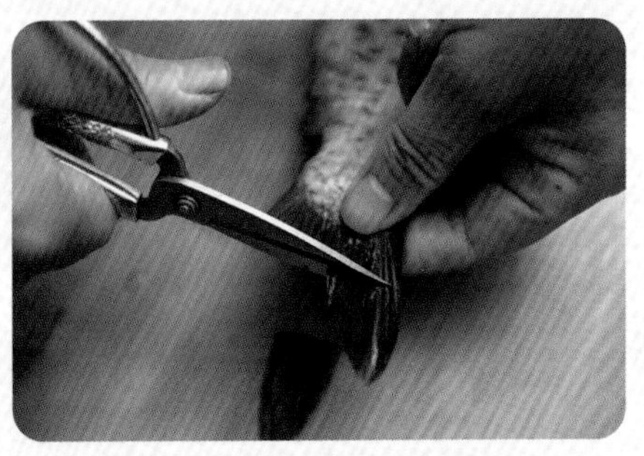

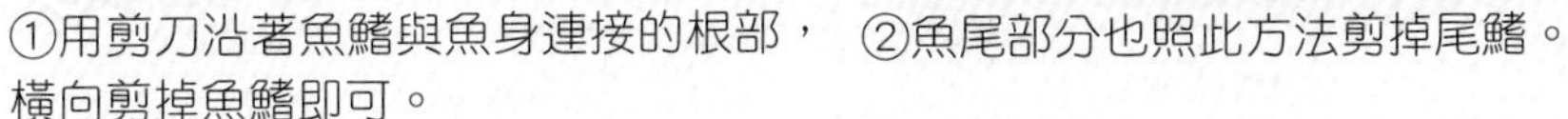

①用剪刀沿著魚鰭與魚身連接的根部，橫向剪掉魚鰭即可。

②魚尾部分也照此方法剪掉尾鰭。

清理內臟

魚的內臟，包括魚的腸胃系統，容易殘留垃圾及毒素。內臟中有黑膜，不清理乾淨會有苦腥味，大大降低魚的口感。

①用剪刀尖從魚的肛門處插入。

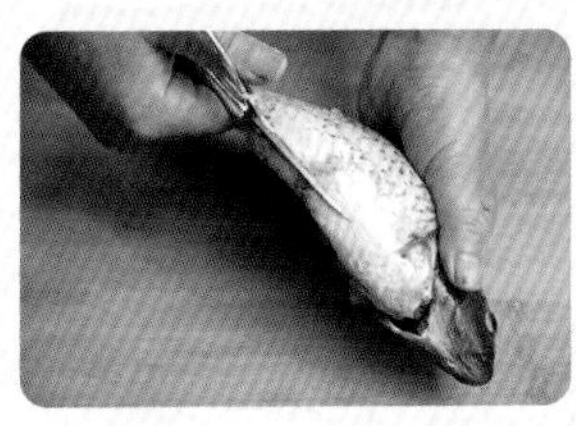

②沿著下腹剪開魚腹。

③掏出裡面的內臟清理乾淨，用小刷子刷淨內臟中的黑膜，各個角落都要刷淨。

5 去腥

①**調味料去腥**：利用蔥、薑、蒜、八角、花椒、醋等調味料來去除魚的腥味。

②**麵粉去腥**：醃魚時可以塗抹少許麵粉，麵粉有吸附作用，能去除魚的部分腥味。

③**酒類去腥**：白酒、紅酒、料理米酒等都有揮發性，魚洗淨後，用酒類塗滿醃製，可去除部分腥味。用酒類去腥浸泡的時間不要太長。

④**茶水去腥**：魚清理乾淨，放入溫茶水中浸泡，茶葉有吸附作用，有助於去除腥味。

⑤**鹽水去腥**：清水中放入少許鹽。將魚洗淨浸泡在淡鹽水中，鹽水通過兩鰓進入血液，就可以去掉魚的腥味。

⑥**去魚線**：在靠近魚頭大約一指的位置用刀橫劃一刀，可以看到一條白線，用手捏住魚線頭取出即可，另一面魚身用相同的方法去掉魚線。

⑦**去黑膜**、魚牙：魚內臟中的黑膜，是腥味較重的來源之一，在清理魚時一定要清除乾淨。經常被忽略的魚牙也很腥，去除時只要順著魚頭部位一推，即可去除魚牙。

6 去魚骨

①從魚尾處斜刀插入，用刀貼著魚脊骨往裡面切入。

②切到魚鰓蓋骨的位置，用刀垂直切下，切掉上片魚肉。將魚翻身，重複上述方法，片下另一半魚肉。

③將魚皮朝下，魚肚肉朝上，在魚刺的一端斜著向內側下刀，將魚刺挑去。

7 去魚皮

片下的魚肉可以從尾部下刀，垂直切至魚皮處，刀口貼著魚皮，刀身斜切向前劃進，除去魚皮即可。

如何保存處理過的魚

①取適量芥末塗抹在魚的表面。

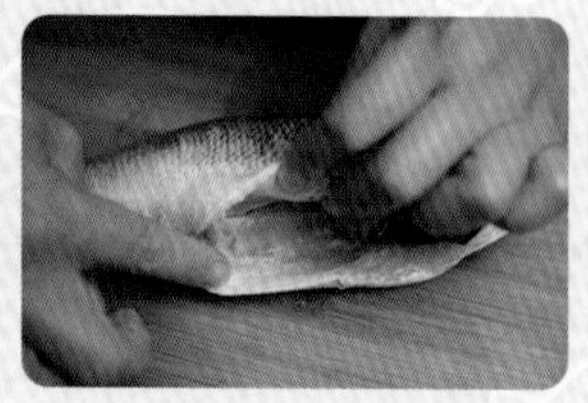

②內部也抹上少許芥末。

③放入密閉的容器中，可保持 3 天不變質。

清理乾淨的魚，放入90℃的熱水中，稍微汆煮即可撈出，待涼後放入冰箱保存，比起未經熱水處理過的鮮魚保存時間長 1 倍。

①魚處理乾淨後，切成塊。

②放入透氣性較強的食物保鮮袋中，再放入蒸鍋蒸 2 分鐘，可保鮮兩三天。

①清水中加適量鹽。

②在魚沒有去鱗、水洗的情況下，放入鹽水中浸泡，可保存數天不變質。

游刃有餘地切花刀

為了讓魚更好入味，看起來漂亮美觀，不同的魚類及不同的烹煮方法、醃製方式，使用的花刀都不同，做出來的口感、味道也有很大的區別。

斜一字形花刀

這是最常用的花刀方法之一，在魚身兩側斜刀劃入，刀深為魚肉的 1/2，刀紋、刀距盡量保持一致，魚背刀紋稍微深些，魚腹刀紋要淺些。多適用於黃花魚、鯉魚、青魚等，也方便夾些調味料醃製，比較適合乾燒或紅燒的烹煮方式。正一字形花刀與此花刀的方式相似。

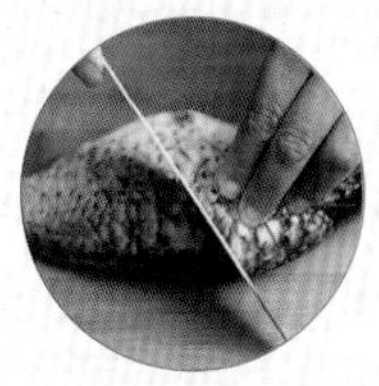

交叉十字花刀

在魚身兩面劃交叉十字花刀，類似於網格的形狀，體形較大的魚類刀紋間距小、密一些，體形較小的魚類刀紋間距大、疏一些，這樣劃出來的十字花刀才美觀。多適用於青魚、鱖魚等，適合醬汁、乾燒的烹煮方式。

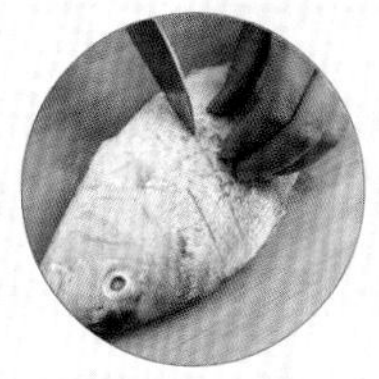

柳葉形花刀

在魚身沿著魚脊骨豎著劃一刀，在豎刀紋的左右兩側，呈 35° 角依序劃斜刀紋，劃出柳葉的形狀，刀深為魚肉的 1/2。多適用於鯽魚、大頭鰱（大魚）等，適合汆、蒸的烹煮方式。

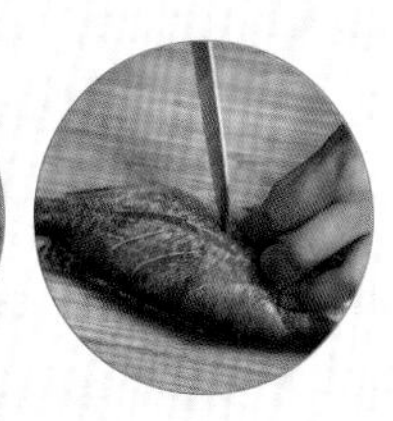

瓦片花刀

把魚放平，從魚頭至魚尾，刀與魚身呈 45° 角，每隔 3 公分斜刀切入，切至魚骨的深度。多適用於鱸魚、黃花魚等，適合蒸、炸、燉的烹煮方式。

自製魚泥的方法

1. 需利用絞肉機、調理機、破壁機等。按照去魚骨的方法將兩排魚肉切下，不需要對小魚刺、魚皮進行特殊處理，只要去掉魚頭和魚尾即可，放入食物調理機中攪打成魚泥，但需要放一些麵粉或雞蛋來增加魚泥的黏性。

2. 傳統手工剁魚泥。在沒有食物調理機之前，都是手工剁肉泥、魚泥等，手剁的魚泥雖然沒有調理機打出來的細膩，但口感上更有韌性。先用刀背將魚肉敲散，再用刀口將魚肉反覆剁，要把細小的魚刺都剁碎，期間要分多次加少許清水，能增加魚泥的彈滑，還可以加薑末、蔥末、料理米酒等調味料，為魚泥提香。

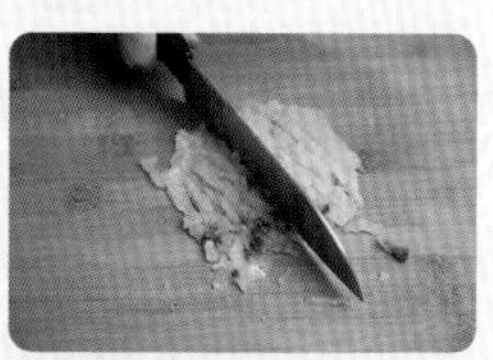

3. 用勺子刮魚泥。對於需要特別小心魚骨、魚刺的人，可以用這個方法。在片出兩排魚肉後，用勺子慢慢將魚肉刮下，雖然有些麻煩，但這個方法能避免小魚刺，之後再用刀剁碎或放入調理機中攪打成魚泥。

如何健康吃魚

1．海魚與淡水魚輪流吃，營養更均衡

海魚、淡水魚生長的環境不同，種類也不同，雖然兩者的營養成分差不多，但並不等於營養素完全一樣。海魚營養豐富，礦物質和維生素含量高，在營養價值和味道上比淡水魚更勝一籌。海魚雖然肉質鮮美，需要冷藏運輸，而淡水魚對飼養的環境要求不高，所以吃起來比海魚更新鮮。另外，有些淡水魚，如鯽魚，比海魚更適合孕婦、產婦、兒童、老人食用。總之，海魚和淡水魚各有千秋。而長期單吃一種魚類會導致營養失衡，所以海魚、淡水魚輪流吃為宜。

2．不能單吃魚肉，不進食其他肉類，否則營養失衡

魚肉營養價值高，但並不是單獨食用魚肉就十全十美了，大多數魚中的鐵元素含量比不上牛羊肉，所以應該搭配其他肉類一起食用，魚肉可略多一些。建議成人每週吃兩次魚，每次 100～150 克。

3．魚全身都是寶，吃魚好營養

常吃魚眼對促進眼睛的發育、保護視力有很好的作用；魚腦營養價值豐富，含有可促進人腦細胞發育的卵磷脂，對智力發育有幫助；魚卵味道鮮美，含卵清蛋白、球蛋白等人體所需的營養成分，有助於健腦、增強體質、烏髮、煥發活力；常吃魚鰾可以潤肺、止咳、美容養顏。魚全身都是寶，能吃的都要吃，可以為身體提供更多營養。

4．不能多吃魚的人

（1）痛風患者：魚中含有嘌呤物質。痛風患者體內的嘌呤代謝發生紊亂，若再多吃魚會加重病情。
（2）出血性疾病患者：患有血友病、血小板減少等出血性疾病的人要少吃魚。因為魚中含有二十碳五烯酸，能抑制血小板凝聚，進而加重出血的症狀。
（3）體質易過敏者：因吃海鮮、魚類引起過皮膚過敏的人要少吃魚。魚中含有豐富的蛋白質，吃進體內後會成為一種過敏原刺激過敏物質釋放，導致一系列的過敏反應，引起身體不適。
（4）肝、腎功能損害者：魚中含有較高的蛋白質，吃太多會加重肝、腎的代謝負擔，引起其他疾病。
（5）急性期創傷者：身體有傷口的人群由於應激反應，可引起腸道功能減弱，不易消化高蛋白的食物，此時吃太多魚，會給身體增加負擔，還會影響傷口癒合。

不同人群要根據自身的體質和狀況合理選擇魚的種類和控制攝取量，建議在醫生的指導下食用魚類，避免因不當吃魚加重病情。

比較常見的食用魚

鯰魚

鯰魚主要生活在江河、湖泊、水庫、坑塘的中下層，多在沿岸地帶活動，屬肉食性魚類。其含有蛋白質和多種礦物質，特別適合體弱虛損、缺乏營養的人食用，一般採用蒸、燉、煮、燒等烹煮方式。

黃花魚

又名黃魚，分為大黃魚和小黃魚，食性較雜，身體肥美，肉質細嫩，有較好的食用價值。對身體虛弱的人來說，食用黃魚會達到很好的食療滋補效果。一般採用炸、燉、燒等烹煮方式。

黃辣丁

別稱昂刺魚，生長速度慢，對環境適應能力強，在靜水和江河緩流中也能底棲生活。其肉質細嫩，味道鮮美，營養價值和經濟價值很高。一般採用煲湯、燒製等烹煮方式。

鮭魚（三文魚）

是世界名貴魚類之一，鱗小刺少、肉色橙紅、細嫩鮮美、口感爽滑，可直接生食，又能做成精美料理，深受人們的喜愛，一般採用刺身、烤、煎、煮等烹煮方式。

大頭鰱（大魚）

又名胖頭魚、鱅魚，是淡水魚的一種，有「水中清道夫」的美稱。其生長在淡水湖泊、河流、水庫、池塘裡，分布在水域的中上層。其所含的營養物質對人體有提高智力、增強記憶的作用。大頭鰱肉質緊實細嫩，一般採用燉、燒等烹煮方式。

龍利魚、巴沙魚

兩種魚容易混淆，都是肉質白嫩、味道鮮美，爽滑刺少，耐煮無腥味。多以急凍整片魚柳的形式出現，烹調方式多樣化，一般採用蒸、煎、炸、烤、煮等，深受人們青睞。

鱖魚

別稱桂花鱸，鱗細小，體色青黃，帶有不規則黑斑，因此得名桂花魚。其喜歡在水流湍急、水質澄清的沙石底河流中生息。其肉質清甜鮮美、無細刺，一般採用焗、煮、燉等烹煮方式。

武昌魚

中國主要淡水魚類之一，喜歡在靜水中生活，棲息在底質為淤泥、生長有沉水植物的中下層。武昌魚肉質鮮嫩，營養豐富，一般人都可食用。一般採用清蒸、紅燒、油燜等烹煮方式。

鰱魚

又叫白鰱、水鰱，是容易養殖的魚種之一，屬於典型的濾食性魚類，以浮游生物為食，性情活潑，喜歡跳躍，有逆流而上的習性，鱗片細小，肉質鮮嫩，一般適用於燉、煲、焗、烤等烹煮方式。

白帶魚

白帶魚的 DHA 和 EPA 含量高於淡水魚，肉厚、刺少、無腥味，營養豐富，易於消化，胃口不好的人可以考慮在夏天多吃白帶魚。一般採用燉、蒸、炸、燒、烤、乾鍋、火鍋等烹煮方式，還可以做日式、西式料理。

鱸魚

最常見的鱸魚有四種，海鱸魚、松江鱸魚、大口黑鱸、河鱸，屬於經濟魚類之一，以魚、蝦為食。鱸魚可健脾胃、補身體，其肉質香嫩鮮美，適合以清蒸來保存營養價值。

青魚

又稱烏鰡，生長較快，通常棲息在水的中下層，喜食軟體動物，如田螺、蜆、蚌等。青魚肉質肥嫩，味鮮腴美，在冬季最為肥壯，一般採用燉、燒、炒、熏等烹煮方式。

草魚

俗稱鯇魚、草鯇，棲息在平原地區的江河湖泊，喜在淡水的中下層和近岸多草區域生息，是典型的草食性魚類。草魚肉質肥嫩、新鮮適口，一般採用煲、燒、燜、炒等烹煮方式。

花斑魚

又稱花老虎，屬肉食性淡水魚類，身體呈銀藍灰色，喜歡棲息在高度優養化的水質中，既是觀賞魚也是食用魚，一般採用蒸、炸、燜等烹煮方式。

鯉魚

屬於棲底雜食性魚類，喜歡棲息在平靜、水草繁茂的水庫、池塘、河流、湖泊中，其肉香味美，魚鱗較大，吃起來方便，營養價值高，一般採用炸、燉、煲、燒等烹煮方式。

九肚魚

又名龍頭魚，呈灰或褐色，有斑點，胸鰭和腹鰭較大，身體肌肉柔軟嫩滑，一般採用炸、煮等烹煮方式。

鮁魚

也叫馬鮫魚，其牙齒鋒利，游泳迅速，性情兇猛，體色銀亮。食用鮁魚分為鮐鮁和燕鮁，肉質堅實，味道鮮美，一般採用煎、燒、熗、焗、薰等烹煮方式。

秋刀魚

別名竹刀魚，是日本料理中常用的秋季食材之一。其體形纖細，肉質緊實，含豐富蛋白質和脂肪，適合鹽烤、香煎、紅燒、蜜汁、椒鹽等烹煮方式。

鯛魚

別稱加吉魚、班加吉等，為深水底層海魚，通體白中略帶粉紅，肉質細嫩、味道鮮美，有健脾養胃的食療作用，一般採用燒、燉、蒸、醬等烹煮方式。

鮪魚

又稱金槍魚、吞拿魚，種類很多，因肌肉中含有大量的肌紅蛋白，所以肉質呈紅色，游泳速度快，生長在暖水海域，肉質爽滑鮮嫩，一般採用刺身、煎、煮、烤、沙拉等烹煮方式。

鰻魚

別名白鱔，一般產於鹹淡水交界海域，喜歡在清潔的水域中棲身，生長速度快，色澤烏黑，肉質肥美可口，鮮嫩香滑，一般採用燒、烤等烹煮方式。

鮰魚

又名江團，屬肉食性底層魚類，分布以中國長江水系為主，體表光滑無鱗，魚鰾肥厚，可加工成珍貴的花膠，一般採用蒸、燉等烹煮方式。

鯽魚

常見淡水魚，棲息在池塘、湖泊、河流等淡水水域，屬於以植物為主的雜食性魚類，食用價值和藥用價值很高，其體態豐腴，嫩滑肥美，適用于煲湯，味道很鮮，還有助於滋補。

鱈魚

被稱為「餐桌上的營養師」，其種類很多，屬冷水性底棲魚類，是重要的經濟魚類之一，肉質清淡爽口，簡便易做，一般採用蒸、熏、煮、醃製、煎、烤等烹煮方式。

鯖魚

生長快、產量高，肉質緊實，富含多種營養元素，可新鮮食用，也可曬乾、加工成罐頭食用，風味鮮美，深受人們喜愛。

銀魚

銀魚因細嫩透明、色澤如銀而得名。銀魚分大銀魚和小銀魚，小銀魚的營養含量比大銀魚要高，常吃銀魚有助於增強身體免疫力，一般採用煮、蒸、炒、炸、煎等烹煮方式。

鱘魚

又稱中華鱘，是一種大型洄游性魚類，食性狹窄，以肉食為主。其脂肪及蛋白質含量高，可做成上等佳餚，一般採用燉、燒等烹煮方式。

黑魚（生魚）

又稱烏鱧、雷魚，個體大、生長快，適應能力很強，還可以在陸地滑行。其刺少肉多，蛋白質含量比雞肉、牛肉要高，一般採用蒸、燒、燉、煨等烹煮方式。

鯪魚

鯪魚是暖水性魚類，喜歡舔刮水底泥土表面生長的藻類，以攝食植物為主。鯪魚含有多種微量元素，肉質鮮美，一般用來做罐頭或採用燉、燒等烹煮方式。

舌鰨魚（鰨沙）

又稱踏板魚，是海洋名貴經濟魚類之一。其頭部較短，兩眼分布在頭的左側，口下位，肉質細膩味美，以夏汛之期較肥美，可加工成鹹乾品，還特別適合紅燒烹煮。

多寶魚

比目魚的一種，多寶魚主要以底棲無脊椎動物和魚類為食，喜歡棲息在淺海的沙質海底，身體扁平，皮下與鰭邊有豐富的膠質，肉質白嫩鮮香，常見的烹煮方法是整條清蒸。

馬步魚

因嘴部很尖，呈針型，又稱針魚，以細小的藻類碎片和浮游生物為食，生長週期短，繁殖能力快，肉質鮮甜有韌性，一般採用煎、烤等烹煮方式，或做成鹹乾品。

有魚的配菜

1

CHAPTER

吃魚省錢小妙招

香辣烤魚

110 分鐘　稍難

特色

在外面吃烤魚不便宜，不如買條魚回家，多種調味料醃製入味，再丟進烤箱加點配菜，自己做，吃得超過癮又省錢。

主食材

鯰魚1條

副食材

高湯150毫升	花椒粒5克
蓮藕40克	麻椒粒5克
秀珍菇100克	辣椒粉1茶匙
萵筍100克	郫縣豆瓣醬40克
馬鈴薯80克	孜然粉1/2茶匙
洋蔥80克	五香粉1/2茶匙
香菜（芫茜）2根	月桂葉2片
油炸花生米20克	醬油2湯匙
薑5克	料理米酒2湯匙
大蔥50克	橄欖油3湯匙
蒜8瓣	鹽適量
乾辣椒10根	

烹煮訣竅

1.先在錫箔紙上刷一層橄欖油，再放入醃好的魚，防止烤焦黏在錫箔紙上。
2.烤魚第一次取出後可以刷一層橄欖油，再加入配菜及湯汁，魚皮口感更焦脆。
3.醃製好的魚如果湯汁偏多，要把湯汁倒出來。
4.根據自己的喜好可以更換不同的配菜。
5.在烤魚吃完後，在剩下的魚渣和魚骨中加入高湯煮滾，還可以涮火鍋。
6.做烤魚時，可以搭配多種不同的蔬菜，能為身體提供更多的營養成分。
7.鯰魚味道鮮美，但土腥味濃重，要仔細刷洗表層黏黏的膠質，避免腥味太重影響食慾。

做法

❶ 鯰魚處理乾淨、洗淨，用廚房紙巾吸乾水分，用刀在兩面劃斜一字花刀，將魚分成兩半，魚背相連。

❷ 在魚身兩面淋入醬油、料理米酒，撒入花椒粒、麻椒粒、辣椒粉、孜然粉、五香粉、適量鹽，塗抹均勻，醃製20分鐘。

❸ 蓮藕、萵筍、馬鈴薯去皮、洗淨、切片；秀珍菇洗淨、撕小塊；洋蔥去皮、切絲；香菜去根、洗淨、切段；薑、蒜去皮、切片；大蔥去皮、切段；乾辣椒切圈。

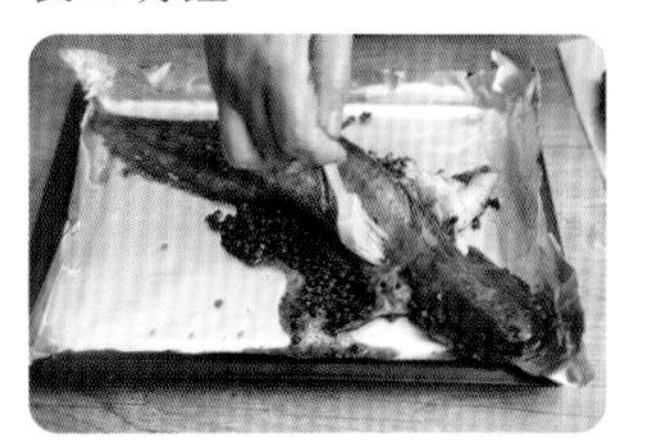

❹ 烤盤上墊好錫箔紙，將醃好的鯰魚及調味料一同放在錫箔紙上，在魚皮上刷一層橄欖油，錫箔紙包緊，放入預熱好的烤箱中層，上下火200℃烤20分鐘。

❺ 炒鍋中倒入2湯匙橄欖油燒至六成熱時，放入薑片、蒜片、大蔥段、月桂葉爆香，放入郫縣豆瓣醬炒至出紅油，加入高湯煮滾。

❻ 隨後放入藕片、秀珍菇、萵筍片、馬鈴薯片、洋蔥絲煮至斷生，待湯汁熬煮至濃稠。

❼ 烤箱中取出烤魚，將炒好的配菜及湯汁淋到鯰魚身上，放回烤箱中上下火200℃繼續烤20分鐘。

❽ 將油炸花生米撒在烤魚上，剩餘的橄欖油放入乾辣椒圈一同加熱，燒至八成熱時淋在烤魚身上，最後撒入香菜段調味即可。

多準備幾條才夠吃

五豆燒黃花魚

⌛ 80 分鐘　　難度 中等

特色

濃濃的豆香稀釋了部分的魚腥味，魚肉吸飽了豆湯汁，再加上調味料的辛香，增添了多重香氣。做的時候一定要多準備幾條魚，不然不夠吃。

主食材

黃花魚2條（約900克）

副食材

黑豆25克
黃豆25克
白鳳豆30克
紅豆25克
綠豆25克
薑3克
大蔥50克
蒜8瓣
香菜（芫茜）1根
八角2個
花椒粒1/2茶匙
月桂葉2片
醬油4湯匙
米醋1湯匙
料理米酒4湯匙
五香粉1/2茶匙橄
欖油2湯匙
白糖1/2茶匙
鹽適量

烹煮訣竅

1.五豆提前用壓力鍋烹煮，口感更軟爛也容易入味，燉煮的高湯用來燒魚味道很濃郁。
2.黃花魚含有動物蛋白，豆類含有植物蛋白，一起吃不僅醇香美味，而且營養健康。
3.豆類可依個人喜好隨意更換。
4.五豆和黃花魚一起煲湯也是不錯的選擇。
5.調味時淋點米醋能大大提升整道菜的香氣，還可以增加食慾。
6.黃花魚的魚鱗要刮淨，重點是剖腹洗淨。如果不剖腹，可以用筷子從魚嘴插入魚腹，夾住魚內臟後轉攪幾下，拉出再沖淨即可。

做法

❶ 五豆洗淨，提前隔夜浸泡。

❷ 五豆放入壓力鍋中，加入適量清水，燉至軟爛，五豆及湯汁備用。

❸ 黃花魚洗淨，在魚身兩面劃斜一字形花刀，加入醬油、料理米酒各1湯匙，撒入五香粉和適量鹽，兩面塗抹均勻，醃製20分鐘。

❹ 薑、蒜去皮、切片；大蔥去皮、切段；香菜去皮、切碎。

❺ 炒鍋中倒入橄欖油，燒至五成熱時加入薑片、蒜片、大蔥段、八角、花椒粒、月桂葉炒香。

❻ 隨後放入醃好的黃花魚，中火煎至兩面金黃。

❼ 再倒入五豆及湯汁，加入白糖和適量鹽，倒入剩餘醬油、料理米酒，大火煮滾後轉中火燉煮15分鐘，再轉大火收汁。

❽ 待湯汁濃稠時淋入米醋、撒入香菜末調味即可。

醇厚香濃又鮮美

腐竹菌菇焖魚煲

60 分鐘　簡單

特色

再不願意吃菌菇的人，嘗了這道菜也忍不住狼吞虎嚥。與黃辣丁一同燉煮，蘑菇吸滿了魚的鮮美，同時保留了菌菇有韌勁的口感，味道醇厚香濃，百吃不厭，做好一鍋很快就被瓜分完畢！

主食材

黃辣丁3條（900克）

副食材

乾腐竹35克
乾香菇10克
乾茶樹菇10克
乾姬松茸10克
薑3克
大蔥40克
蒜6瓣
蒜蓉醬30克
紅辣椒2根
青辣椒2根
香蔥1根
八角2個
花椒粒5克
醬油3湯匙
料理米酒4湯匙
太白粉（生粉）1/2茶匙
橄欖油3湯匙
鹽適量

烹煮訣竅

1.黃辣丁無鱗，肉質細嫩，煎出香味即可，不要來回翻滾，否則很容易弄碎。
2.清理黃辣丁時，可以用70～80℃的熱水淋在魚身上，不僅能洗掉表層黏液，還能去除部分腥味。
3.魚肉營養價值高，且食用不易發胖，菌菇和魚肉燉在一起，特別能提鮮。

做法

❶ 乾腐竹、乾香菇、乾茶樹菇、乾姬松茸分別隔夜浸泡，泡發後洗淨。腐竹切段，三種菌菇去根。

❷ 黃辣丁去鰓、去內臟，洗淨，倒入醬油、料理米酒各1湯匙，加太白粉和適量鹽塗抹勻，醃製20分鐘。

❸ 薑去皮、切片；蒜去皮；大蔥去皮、切段；青、紅辣椒洗淨，去蒂、切圈；香蔥去根，洗淨、切碎。

❹ 砂鍋中倒入橄欖油，燒至五成熱時放入薑片、蒜瓣、大蔥段、八角、花椒粒炒香，再放入蒜蓉醬繼續翻炒出香味。

❺ 放入醃好的黃辣丁煎香，倒入適量的清水，大火煮滾。

❻ 隨後放入腐竹段和三種菌菇，倒入剩餘醬油、料理米酒，加適量鹽，轉中小火燉煮25分鐘。

❼ 接著轉大火收汁，待湯汁濃稠時加入青、紅辣椒圈調味。

❽ 出鍋前撒入香蔥碎點綴即可。

鮮美好滋味

焗烤鮭魚

40 分鐘　簡單

特色

鮮美的鮭魚覆蓋香濃的起司，夾一口，拉起長長的絲，魚香和奶香充斥在嘴裡，令人回味無窮。

主食材

鮭魚（三文魚）500 克

副食材

黃檸檬2 顆
莫札瑞拉起司碎（mozzarella芝士碎）80 克
現磨黑胡椒碎1 克
香草鹽適量
蛋黃醬2 茶匙
歐芹碎（番茜碎）少許

做法

❶ 一顆黃檸檬擠出檸檬汁，另一顆黃檸檬洗淨，切成厚約0.2 公分的片狀。

❷ 鮭魚切成均等的兩份，分別淋入檸檬汁，撒上適量香草鹽醃製10 分鐘。

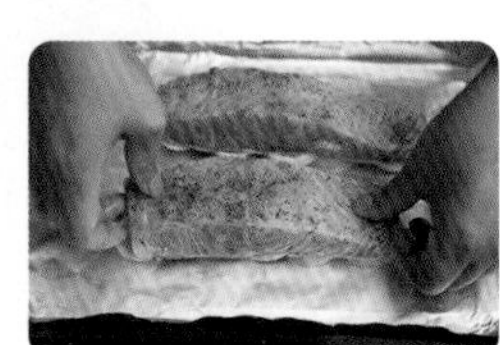

❸ 烤盤上墊好錫箔紙，上下兩排擺好檸檬片，將醃好的鮭魚放在檸檬片上，在2 塊鮭魚上各自均勻塗抹1 茶匙的蛋黃醬。

❹ 將莫札瑞拉起司碎平均分成兩份，均勻鋪在鮭魚上的蛋黃醬上。

❺ 鮭魚包緊錫箔紙，放入預熱好的烤箱中層，上下火200℃ 烤20 分鐘。

❻ 取出鮭魚後磨入黑胡椒碎，撒入歐芹碎即可。

烹煮訣竅

1.為保持鮭魚的新鮮度，醃製時可以包好保鮮膜放入冰箱內。
2.焗好的鮭魚可以直接吃，還可以沾醬油吃，口感也不錯。
3.檸檬汁有助於去除腥味、緩解油膩，其較強的酸味和清香味還能增強食慾。

用它叫醒味蕾
香烤檸檬鮭魚頭

90 分鐘　簡單

特色

大家往往只記得鮭魚魚肉的香美，忽略了鮭魚頭的存在。將鮭魚頭提前醃入黑胡椒的香氣和適宜的鹹度，烤製時再吸飽檸檬的酸爽，撒點孜然粉，從此讓你念念不忘的不再是鮭魚刺身，而是烤鮭魚頭。

主食材

鮭魚頭（三文魚頭）1 個

副食材

黃檸檬 1 顆
黑胡椒粉 1/2 茶匙
孜然粉 1/2 茶匙
香草鹽適量
橄欖油適量
熟白芝麻 1 克

做法

❶ 黃檸檬洗淨，對半切開，擠出檸檬汁，在將剩餘的檸檬切成厚約 0.2 公分的片狀。

❷ 鮭魚頭洗淨，對半切開，用廚房紙巾吸乾水分，淋入檸檬汁，撒入黑胡椒粉和適量香草鹽，揉搓按摩後醃製 40 分鐘。

❸ 烤盤上墊好錫箔紙，上下兩排擺好檸檬片，將醃好的鮭魚頭放在檸檬片上，再刷一層橄欖油。

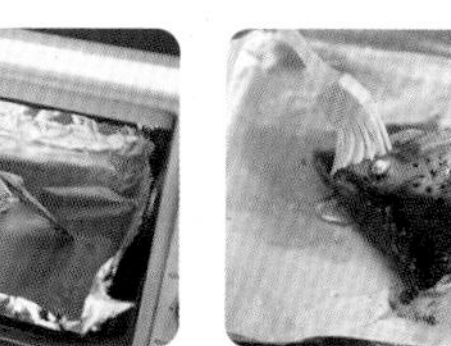

❹ 放入預熱好的烤箱中層，200℃ 上下火烤 20 分鐘，取出。

❺ 在鮭魚頭上再刷一層橄欖油，均勻撒入孜然粉，放入烤箱中層 180 ℃ 上下火烤 15 分鐘。

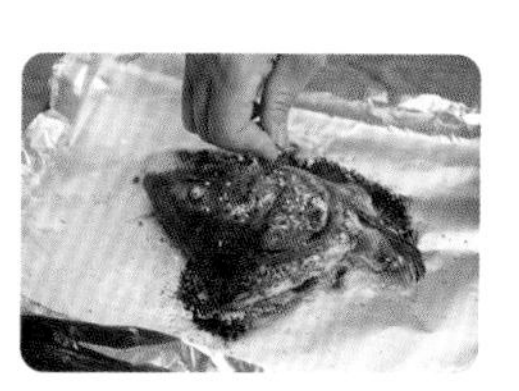

❻ 在烤好後的鮭魚頭上均勻地撒上熟白芝麻調味即可。

烹煮訣竅

1. 揉搓按摩魚肉時注意不要被魚頭的魚骨扎到。
2. 若感覺醃製鮭魚頭的鹹味不足，可在烘烤第一次取出後再撒入適量的鹽。
3. 清理鮭魚頭時，可先在鮭魚頭上撒些鹽，再用醋浸泡一段時間，不但能去腥，還能更好地去除上面的雜質。

愛吃火鍋在家做

香辣魚頭火鍋

⌛ 50 分鐘　簡單

特色

這道火鍋一上桌，滿屋飄香，吃起來鮮滑爽口。先將魚頭翻炒出香味，再加入調味料和幾種蔬菜熬成湯底，開鍋後隨便加些肉類、海鮮類、蔬菜類等，都超級滿足。

主食材

魚頭（大頭鰱）1 個

副食材

郫縣豆瓣醬 45 克
乾辣椒 10 根
薑 5 克
大蔥 50 克
蒜 10 瓣
花椒粒 15 克
八角 2 顆
桂皮 5 克
醬油 3 湯匙
料理米酒 5 湯匙
乾香菇 3 個
胡椒粉 1/2 茶匙
白蘿蔔 50 克
萵筍 50 克
白糖 1 茶匙
橄欖油 3 湯匙
鹽適量

烹煮訣竅

1.可以多選幾種自己喜歡的配菜放在火鍋底部，不但可避免糊鍋，還能更入味。
2.胡椒粒、八角這類的調味料可以放入滷包袋中，再入鍋中。
3.火鍋煮好後可以隨意放自己喜歡的蔬菜、魚類及肉類等。
4.魚肉先放入調味料中煎香，能去除部分魚腥味，還能讓魚頭更好入味，熬煮的湯汁更濃郁。
5.魚火鍋鮮、辣、香，口感鮮美滑嫩，刺激味蕾，提高食慾，搭配多種蔬菜，更營養美味。

做法

❶ 魚頭洗淨，分成兩半，倒入2 湯匙料理米酒，加胡椒粉和適量鹽塗抹均勻，醃製20 分鐘。

❷ 乾辣椒去蒂、切段；薑去皮、切片；蒜去皮；大蔥去皮、切段。

❸ 乾香菇泡發、洗淨；白蘿蔔去皮、切片；萵筍去皮、斜刀切片。

❹ 炒鍋中倒入橄欖油，燒至五成熱時放入薑片、蒜瓣、大蔥段、花椒粒、八角、桂皮炒香，再放入醃好的魚頭煎至兩面微黃。

❺ 隨後放入郫縣豆瓣醬和乾辣椒段炒出紅油，倒入醬油、剩餘的料理米酒，再加入適量清水大火煮滾。

❻ 在火鍋的底部鋪好白蘿蔔片、萵筍片，再將炒鍋內煮好的魚頭、魚湯及調味料一同倒入火鍋內。

❼ 再放入白糖和少許鹽攪勻調味，放入香菇，開中火熬煮，煮至湯汁出香味，即可放入其他蔬菜、肉類。

吃魚專利

五色炒魚

⌛ 40 分鐘　　難度 簡單

特色

五種不同顏色的蔬菜搭配在一起，既有美食也有美色，再放入鮮嫩香美的龍利魚，營養又豐富，口味清淡健康，絕對俘獲人心。

主食材

龍利魚450 克

副食材

胡蘿蔔半根
山藥80 克
萵筍80 克
乾木耳3 克
熟玉米粒25 克
醬油4 湯匙
料理米酒4 湯匙
太白粉（生粉）1/2 茶匙
薑3 克
蒜3 瓣
香蔥1 根
八角2 個
胡椒粉2 克
橄欖油4 湯匙
鹽適量

烹煮訣竅

龍利魚肉質細嫩，不要頻繁用力翻炒，避免散碎，影響料理美觀。

做法

❶ 龍利魚解凍、洗淨，用廚房紙巾吸乾水分，切成約3 公分的塊狀，加入醬油、料理米酒各2 湯匙，以及胡椒粉、太白粉、適量鹽抓勻，醃製30 分鐘。

❷ 乾木耳提前1 小時泡發，洗淨；胡蘿蔔、山藥、萵筍去皮、洗淨，切成2 公分的塊狀。

❸ 薑去皮、切末；蒜去皮、切片；香蔥去根、洗淨、切碎。

❹ 炒鍋中倒入2 湯匙橄欖油，燒至五成熱時，放入醃好的龍利魚塊，中火炒至微黃盛出。

❺ 另起炒鍋倒入剩餘橄欖油，燒至五成熱時，放入薑末、蒜片、八角炒香，隨後放入胡蘿蔔塊、山藥塊、萵筍塊翻炒。

❻ 再放入木耳、熟玉米粒，中火翻炒5 分鐘。

❼ 放入炒好的龍利魚塊，倒入剩餘醬油、料理米酒、適量鹽炒勻，撒入香蔥碎調味即可。

清脆與酥脆的雙重結合

香梨咕咾魚

45 分鐘　簡單

特色

香梨爽脆清甜，龍利魚酥脆酸甜，香梨可以緩解龍利魚經過油炸帶來的油膩感。富含維生素的水果和富含蛋白質的魚組合，幫你補滿元氣！

主食材

龍利魚400克
香梨3顆

副食材

雞蛋1顆
番茄醬30克
料理米酒2湯匙
白醋2湯匙
白糖1/2茶匙
胡椒粉1/2茶匙
太白粉（生粉）2茶匙
熟白芝麻1克
玉米油200毫升
鹽適量

做法

❶ 龍利魚解凍洗淨，切成約3公分的塊狀，加入雞蛋、胡椒粉、料理米酒、適量鹽抓勻，醃製20分鐘。

❷ 香梨洗淨，切成約2公分的塊狀，浸泡在淡鹽水中，使用前瀝乾水分。

❸ 將1茶匙太白粉倒入魚塊中，使其均勻裹滿太白粉。

❹ 鍋中倒入玉米油，燒至五成熱時，倒入裹滿太白粉的龍利魚塊，中火炸至酥脆撈出。

❺ 番茄醬、白醋、白糖、剩餘太白粉、少許鹽，再加適量清水調成番茄醬汁。

❻ 將醬汁倒入另一鍋中，開中火熬煮濃稠，再倒入炸好的龍利魚塊和香梨塊，迅速翻拌均勻，出鍋前撒上熟白芝麻即可。

烹煮訣竅

1.龍利魚醃製前要用廚房紙巾吸乾水分，避免水分溶解掉鹽分和調味料，導致不易入味。

2.第一次炸魚目的是逼出魚塊中的水分，撈出後放入無水的碗中稍微放涼，再進行第二次油炸，利用高油溫使魚塊更酥脆。第一次炸不適合用高油溫，否則很快變焦，而且魚中的水分來不及逼出，影響口感。

香酥可口

豆豉火焙魚

⌛ 20 分鐘　簡單

特色

選用現成的火焙小魚乾方便快速，放點乾豆豉和調味料翻炒一下增加鮮香，直接下飯或佐粥都很美味。

主食材

火焙小魚乾250 克

副食材

乾豆豉20 克
紅辣椒5 根
青辣椒5 根
薑2 克
蒜3 瓣
料理米酒2 湯匙
醬油2 湯匙
橄欖油3 湯匙
白糖適量

做法

❶ 紅、青辣椒洗淨，去蒂、切圈。

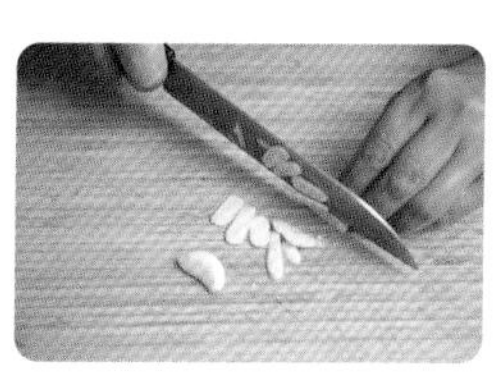

❷ 薑去皮、切絲；蒜去皮、切片。

❸ 炒鍋中倒入橄欖油，燒至五成熱時放入薑絲、蒜片炒香。

❹ 隨後放入乾豆豉和紅、青辣椒圈，中火翻炒1 分鐘。

❺ 再放入火焙小魚乾，倒入料理米酒、醬油，中火翻炒2 分鐘。

❻ 出鍋前加白糖炒勻調味即可。

烹煮訣竅

1.乾豆豉、醬油、火焙小魚乾本身都有鹹味，不用再放鹽。
2.火焙小魚乾可以先放入油鍋中，利用油溫逼出火焙魚中多餘的水分，才能煎得乾香、口感更脆。

換個做法變換風味

番茄文蛤水煮魚

60 分鐘　中等

特色

說到水煮魚，就會想到川菜裡熱油淋的水煮魚，雖然好吃，但多少有些油膩。這道菜回歸健康，先將鱖魚煎一下，再用文蛤的鮮美和番茄的酸爽來提鮮，放些調味料，又是另一種風味的水煮魚。

主食材

鱖魚（桂花魚）1 條
文蛤（花蛤）250 克
番茄 2 顆

副食材

黑橄欖 15 克
薑 3 克
蒜 6 瓣
香菜（芫茜）1 根
黑胡椒粉 1/2 茶匙
蠔油 2 湯匙
料理米酒 2 湯匙
橄欖油 3 湯匙
鹽適量

做法

❶ 文蛤提前半天浸泡在清水中吐淨泥沙，使用前沖洗乾淨。

❷ 鱖魚去鰭、去內臟，洗淨，用廚房紙巾吸乾水分，在魚身兩面劃柳葉形花刀，撒入黑胡椒粉和適量鹽醃製 20 分鐘。

❸ 番茄洗淨，底部劃十字，開水燙一下，去皮，切成 3 公分的塊狀。

❹ 薑去皮、切片；蒜去皮、拍扁；香菜去根、洗淨、切碎。

❺ 平底鍋中倒入橄欖油，燒至五成熱時，放入薑片、蒜瓣炒香，再放入醃好的鱖魚煎至兩面金黃。

❻ 放入番茄塊、黑橄欖，加少許鹽，倒入料理米酒、蠔油和適量開水，中火燉煮 25 分鐘。

❼ 隨後放入文蛤，燉煮 5 分鐘，盛出鱖魚和文蛤，放在較大的容器中。

❽ 鍋中的湯汁轉大火熬煮至濃稠，淋在鱖魚身上，再撒入香菜末調味即可。

烹煮訣竅

1. 文蛤放入鍋中開口即熟，不要燉煮太久，否則肉質容易變老，影響鮮美度。
2. 番茄可以多放一些，用天然的番茄湯汁來調味，不僅可以提鮮，還能去除鱖魚的部分腥味，更能為這道菜提供多種維生素。

湖北風味佳餚

清蒸武昌魚

45 分鐘　簡單

特色

吃了這麼多年的魚，還是清蒸的最鮮美。挑選一條新鮮的武昌魚，先醃製去腥，再大火蒸熟，口感滑嫩，清香鮮美。

主食材

武昌魚1 條

副食材

薑3 克
大蔥40 克
料理米酒2 湯匙
香菜（芫茜）1 根
蒸魚豉油3 湯匙
鹽適量

做法

❶ 武昌魚去鱗鰓和內臟後洗淨，用廚房紙巾吸乾水分，在魚身兩側劃斜一字刀。

❷ 在魚身和魚腹內分別淋入料理米酒，抹上適量鹽，醃製20 分鐘。

❸ 薑去皮、切絲；大蔥去皮、切絲；香菜去根、洗淨、切碎。

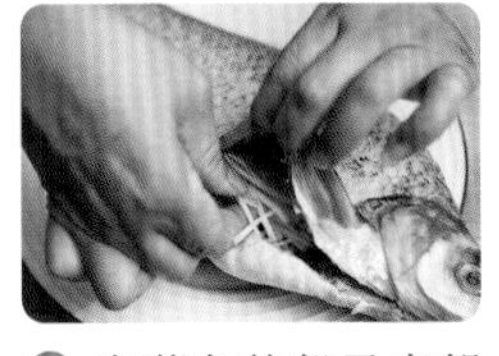

❹ 在蒸魚的盤子底部鋪上1/2 薑絲和1/3 蔥絲，將武昌魚放在盤中，在魚腹裡填上1/2 薑絲和1/3 蔥絲。

❺ 蒸鍋中加適量開水煮滾，把武昌魚放入蒸鍋中，大火蒸8 分鐘，關火後再悶2 分鐘。

❻ 蒸好的魚均勻淋入蒸魚豉油，撒上香菜末和剩餘蔥絲調味即可。

烹煮訣竅

1.先燒開水再放魚，透過蒸氣迅速鎖住魚的鮮美，蒸出來的魚口感鮮嫩。若冷水入鍋，不太好控制時間，容易導致魚肉變老。

2.蒸魚期間要保持大火，水蒸氣的熱量比開水的熱量大，所以蒸魚的時間不要超過10 分鐘，而根據魚的大小種類不同，蒸魚時間要依實際情況調整。

3.蒸魚時可以放入少許高湯和香菇、冬筍這類的蔬菜，更能提鮮。

親手打的魚丸超出期待

咖哩魚丸

⌛ 60 分鐘　　難度 中等

特色

親手打出來的魚泥驚豔了味蕾，再攪入鮮美的豬肉末，淋上無法抗拒的咖哩汁，用牙籤戳一個吃一個，好吃得根本停不下來。

主食材

鰱魚 700 克

副食材

豬肉末 150 克
雞蛋 1 顆
太白粉（生粉）5 克
料理米酒 2 湯匙
胡椒粉 1/2 茶匙
薑 2 克
咖哩塊 60 克
紫洋蔥 30 克
鹽適量

烹煮訣竅

1.魚泥中加入一些豬肉末，做出來的魚丸又香又鮮，豬肉末能增加魚丸的彈性，其肥肉也能提升魚丸的香氣。
2.魚肉很吸水，打魚丸時要分多次加水，做出來的魚丸嫩而不柴。
3.擠出的魚丸盡量光滑圓潤一些，看起來更美觀。

做法

❶ 鰱魚洗淨，去掉魚頭、魚尾、魚皮，剔掉魚骨，片成魚條，切成小塊。

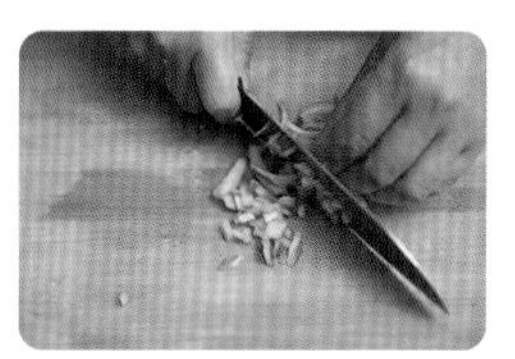

❷ 薑去皮、切片；紫洋蔥去皮、切碎。

❸ 鰱魚塊、豬肉末、薑片一同放入調理機中打成細膩的魚泥。

❹ 魚泥中加入雞蛋、太白粉、胡椒粉、鹽、料理米酒，分多次加入適量清水，順時針攪拌至黏稠。

❺ 中小火燒一鍋冷水，左手虎口處擠出魚丸，右手拿勺接住魚丸放入鍋中，魚完全擠完後轉大火煮熟，撈出放入盤中。

❻ 咖哩塊放在小鍋中，加適量清水煮滾至咖哩湯汁濃稠，加入紫洋蔥末攪勻，隨後淋在魚丸上即可。

麻香辣充斥口中

麻香白帶魚

⏳ 60 分鐘　　難度 簡單

特色

將白帶魚改良做法，提前醃製入味，用郫縣豆瓣醬塗抹均勻，隨其他調味料一同丟入烤箱，省時省力，也不用費心顧爐火，吃進嘴裡滿口都是驚喜。

主食材

白帶魚段600克

副食材

麻椒粒10克
麻椒粉5克
郫縣豆瓣醬10克
蒜10瓣
薑3克
紅辣椒3根
料理米酒3湯匙
醬油3湯匙
白糖1/2茶匙
熟白芝麻1克
鹽適量

醃白帶魚時，在白帶魚兩面各劃一刀，以便調味料更好地滲入魚肉中，不僅可以去腥，更能好入味，做出來的白帶魚味道更鮮香。

做法

❶ 白帶魚清除內臟、清洗乾淨，加入料理米酒、醬油、麻椒粉、白糖、鹽拌勻，醃製20分鐘。

❷ 蒜去皮，切片；薑去皮、切片；紅辣椒洗淨，去蒂、切圈。

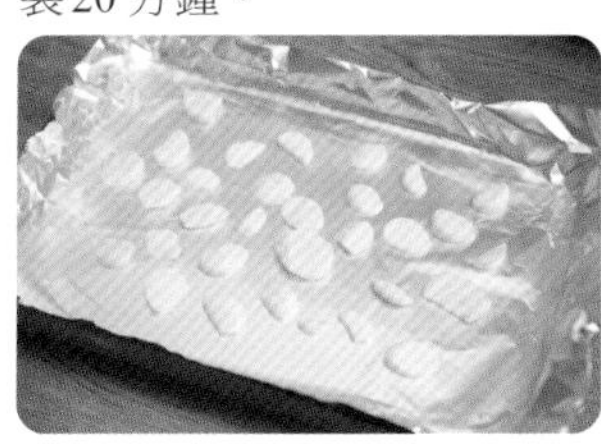

❸ 烤盤上鋪好錫箔紙，在錫箔紙上擺一層薑片、蒜瓣。

❹ 將醃好的白帶魚兩面都塗好郫縣豆瓣醬，放在薑片、蒜片上。

❺ 隨後撒入麻椒粒、紅辣椒圈，包好錫箔紙。

❻ 放入預熱好的烤箱中層，上下火200℃烤30分鐘，取出後撒上熟白芝麻即可。

顏值與美味並存

孔雀開屏魚

⌛ 60 分鐘　稍難

特色

多麼漂亮的一盤魚，一端出來馬上吸引眾人目光，它的鮮美則讓人只想悶著頭一口接一口地吃光。

主食材

鱸魚1條

副食材

薑3克
大蔥40克
胡蘿蔔1根
紅辣椒2根
青辣椒2根
料理米酒2湯匙
醬油2湯匙
蒸魚豉油3湯匙
橄欖油2湯匙

做法

❶ 鱸魚去鱗、去鰭、去內臟，洗淨，用廚房紙巾吸乾水分，切下魚頭和魚尾。

❷ 將魚身部分沿著魚背切成厚約0.8公分的片狀，保持魚腹相連。

❸ 薑去皮、切絲；大蔥去皮、切絲；胡蘿蔔去皮，洗淨，斜刀切片；紅、青辣椒洗淨，去蒂、切圈。

❹ 切好的魚身淋入料理米酒、醬油，取薑絲、大蔥絲各半夾雜在魚片中，翻扮塗抹均勻，醃製20分鐘。

❺ 醃好的魚身去除醃料，將剩餘的薑絲、大蔥絲墊在盤底，魚身擺入盤中，放上魚頭和魚尾，擺出孔雀的造型。

❻ 每個魚片中間擺一片胡蘿蔔，胡蘿蔔片上點綴青辣椒圈，剩餘的紅辣椒圈隨意裝飾在魚身上。

❼ 蒸鍋中燒開水，把魚放入蒸鍋中蒸7分鐘，關火後繼續燜2分鐘。

❽ 橄欖油燒熱，淋在魚身上，再均勻淋入蒸魚豉油調味即可。

烹煮訣竅

1.魚片的厚度要均勻，散落平鋪出來大小一致，造型才漂亮。
2.可以留少部分的青、紅辣椒圈在魚蒸熟後再點綴，顏色更漂亮。
3.在燒熱油時可以撒入幾顆花椒粒，增添油的香氣，把油淋在魚身後再揀出花椒粒，避免影響美觀。

魔力十足的美味

豆瓣啤酒燒鱸魚

⏳ 55 分鐘　簡單

特色

用啤酒代替清水燒魚，不僅可以去除魚的腥味，還可以提鮮，一舉兩得。再加入適量豆瓣醬，燒出來的鱸魚醇香濃郁、鮮味十足。

主食材

鱸魚 1 條

副食材

豆瓣醬 30 克	料理米酒 5 湯匙
啤酒 800 毫升	八角 2 個
薑 3 克	花椒粒 1/2 茶匙
大蔥 50 克	胡椒粉 1/2 茶匙
蒜 6 瓣	橄欖油 3 湯匙
紅辣椒 2 根	白糖 1/2 茶匙
青辣椒 2 根	鹽適量
醬油 3 湯匙	

做法

❶ 鱸魚去鱗鰓、去內臟，清洗乾淨，在魚身兩面各劃幾刀，倒入 2 湯匙料理米酒，加胡椒粉和鹽抹勻，醃製 20 分鐘。

❷ 薑去皮、切片；蒜去皮；大蔥去皮、切段；紅、青辣椒洗淨，去蒂、切圈。

❸ 炒鍋中倒入橄欖油，燒至六成熱時，放入醃好的鱸魚，煎至兩面金黃。

❹ 盛出鱸魚，瀝去多餘的油分，鍋中留底油繼續煸香薑片、蒜瓣、大蔥段、八角、花椒粒。

❺ 再將鱸魚放回鍋中，倒入啤酒、醬油、剩餘的料理米酒，加豆瓣醬和白糖，大火煮滾後轉中火燉煮 15 分鐘。

❻ 隨後轉大火收汁，待湯汁濃稠時盛出鱸魚，淋上湯汁，撒上青、紅辣椒圈點綴即可。

1.醃好的鱸魚要吸乾水分再放入油鍋，避免水油相遇四處迸濺。
2.待油熱後再放入鱸魚，煎至單面金黃後再翻另一面，能保持魚的完整度，防止魚皮沾鍋。

酸酸甜甜好下飯

糖醋脆皮鱸魚

⧗ 40 分鐘　中等

特色

鱸魚炸得外焦裡嫩，淋上酸甜可口的糖醋汁，咬一口，酥脆噴香，一頓飯光有這條魚就好下飯啊！

主食材

鱸魚1 條
麵粉200 克

副食材

雞蛋1 顆
太白粉（生粉）1 湯匙
薑3 克
大蔥20 克
蒜5 瓣
香蔥1 根
胡椒粉1/2 茶匙
醬油2 湯匙
濃醬油1 湯匙
料理米酒3 湯匙
番茄醬4 茶匙
白糖3 湯匙
米醋3 湯匙
橄欖油80 毫升
鹽適量

烹煮訣竅

1.鱸魚一定要炸兩次，第一次油溫無須太高，炸出魚中的水分，第二次要用高油溫炸出酥脆口感，外香內嫩。
2.麵糊要和得濃稠一些，更容易沾附。

做法

❶ 薑去皮、切片；大蔥去皮，斜刀切片；蒜去皮、切末；香蔥去根，洗淨、切碎。

❷ 鱸魚去鱗鰓、去內臟，清洗乾淨，魚身兩側用瓦片花刀切成厚約0.8 公分的片狀。

❸ 在魚身上塗抹胡椒粉和鹽，淋入料理米酒，每塊魚片之間放入1 片薑和1 片蔥醃製20 分鐘。

❹ 雞蛋加入麵粉中，加適量清水和成麵糊，在醃好的鱸魚上面均勻地塗滿麵糊。

❺ 橄欖油倒入鍋中，燒至六成熱時，放入裹滿麵糊的魚炸至兩面金黃，撈出瀝油。

❻ 再次將鱸魚放入油鍋炸一次，盛出後瀝乾油分。

❼ 另起一鍋，倒入醬油、濃醬油、番茄醬、白糖、米醋、蒜末、太白粉，再加適量清水攪勻，加熱熬煮至湯汁濃稠。

❽ 將湯汁均勻地淋在魚身上，撒入香蔥末調味即可。

又脆又嫩

蒜香魚排

⌛ 60分鐘　🍲 簡單

特色

親手從青魚上片出來的魚排又鮮又嫩，醃製入味，再裹滿脆脆的麵包糠，香脆可口、有滋有味，學會了做這塊魚排，用來做魚排飯，淋點照燒醬也不錯哦！

主食材

青魚800克

副食材

麵包糠250克
薑3克
蒜2頭
雞蛋1顆
太白粉（生粉）2茶匙
番茄醬2湯匙
胡椒粉1茶匙
料理米酒3湯匙
橄欖油80毫升
香草鹽適量

做法

❶ 青魚洗淨，去頭、去尾、去魚皮，沿著魚骨片出2條魚排。

❷ 薑去皮、切片；蒜去皮、壓蓉；雞蛋打散成蛋液。

❸ 將魚排切成長約8公分×寬約3公分的塊。

❹ 在魚塊中放入薑片、蒜蓉、番茄醬、胡椒粉、料理米酒、適量香草鹽拌勻，醃製40分鐘。

❺ 橄欖油倒入鍋中，燒至五成熱時，取醃好的魚片先裹滿太白粉，再沾滿蛋液，最後沾滿麵包糠，放入油鍋中炸至兩面金黃，撈出瀝油。

❻ 炸過的魚排再次入油鍋炸第二遍，撈出後瀝乾油分即可。

烹煮訣竅

1.魚片先後沾滿太白粉、蛋液、麵包糠，多層包裹避免裡面的魚肉散碎，還讓炸出來的口感更酥脆。
2.青魚的魚骨一定要處理乾淨，避免吃起來影響口感。

炎炎夏日正對味

紫蘇苦瓜炒魚片

⌛ 45 分鐘　　簡單

特色

夏日吃這道菜剛剛好，紫蘇與苦瓜均有助於清熱降火，還能促進食慾，與嫩滑的魚片一起翻炒，微辣適口，苦嫩鮮香。

主食材

草魚（鯇魚）1 條
苦瓜1 根
紫蘇葉80 克

副食材

薑3 克
大蔥20 克
紅辣椒3 根
青辣椒3 根
醬油3 湯匙
料理米酒3 湯匙
胡椒粉 1/2 茶匙
橄欖油3 湯匙
太白粉（生粉）1/2 茶匙
鹽適量

烹煮訣竅

1.魚片不要用力翻拌，易導致散碎，影響料理賣相。
2.紫蘇葉翻炒時間不要太長，遇鹽或高溫會析出水分，再加鍋鏟翻炒更容易變得軟塌。

做法

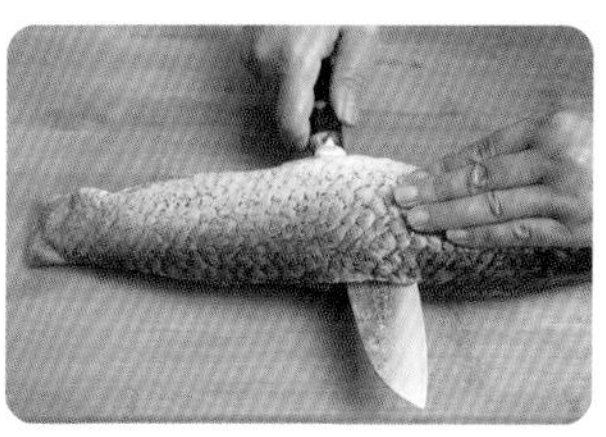

❶ 草魚洗淨，去頭、去尾、去皮，沿著魚骨片出2 排魚肉，再片成厚約0.8 公分的魚片。

❷ 魚片中倒入醬油、料理米酒、胡椒粉、太白粉、適量鹽，翻拌均勻，醃製30 分鐘。

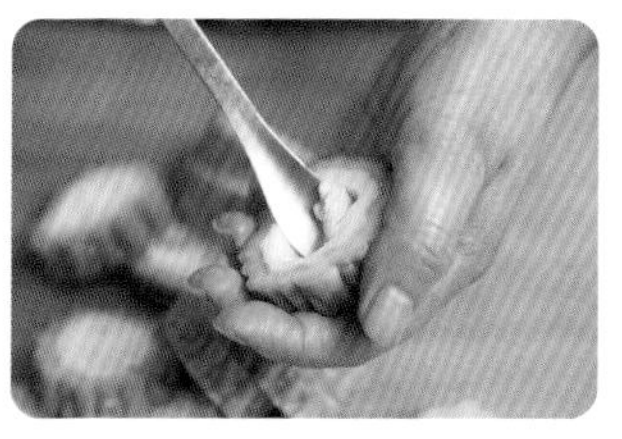

❸ 苦瓜洗淨，去瓤、去籽，切成厚約0.2 公分的圈；紫蘇葉洗淨，瀝乾水分。

❹ 薑去皮、切絲；大蔥去皮、斜刀切片；紅、青辣椒洗淨，去蒂、切圈。

❺ 橄欖油倒入炒鍋中，燒至五成熱時，放入薑絲、大蔥片、青紅辣椒圈炒香。

❻ 放入苦瓜圈，大火翻炒3 分鐘，再放入醃好的魚片，快速翻拌炒至變色。

❼ 最後放入紫蘇葉翻炒30 秒，再加少許鹽調味，出鍋即可。

鮮香嫩滑

藤椒魚

60 分鐘　中等

特色

魚片裹滿一層蛋液，放入鍋中，口感鮮嫩香軟，幾種配菜略帶魚香的同時還脆嫩爽口，有了配菜的加入，即便多淋幾勺油也不覺得膩。

主食材

草魚（鯇魚）1 條

副食材

雞蛋 1 顆
藤椒（山椒）25 克
乾辣椒 20 根
紅辣椒 10 根
青辣椒 10 根
黃豆芽 150 克
萵筍 100 克
香芹 100 克
薑 3 克
大蔥 50 克
蒜 8 瓣
醬油 3 湯匙
料理米酒 3 湯匙
胡椒粉 1/2 茶匙
橄欖油 60 毫升
鹽適量

烹煮訣竅

1.留部分乾辣椒段最後放在魚湯上，再淋上熱橄欖油，可激發辣椒中的香氣，味道更醇香。
2.魚片醃製時表面塗一層蛋液，再入鍋烹煮，口感更嫩滑。

做法

❶ 草魚洗淨，去頭、去尾、去皮，沿著魚骨剔出 2 排魚肉，再斜刀片成厚約 0.5 公分的魚片。

❷ 魚片中加入雞蛋，加醬油、料理米酒、胡椒粉、適量鹽拌勻，醃製 30 分鐘。

❸ 乾辣椒切小段；青、紅辣椒洗淨，去蒂、切圈；萵筍去皮，洗淨、切條；香芹洗淨、切段；黃豆芽洗淨，瀝乾水分。

❹ 薑去皮、切片；大蔥去皮、切段；蒜去皮；香蔥洗淨、切碎。

❺ 將 20 毫升橄欖油倒入鍋中，燒至五成熱時，放入薑片、大蔥段、蒜瓣、乾辣椒段煸香。

❻ 再放入萵筍條、香芹段、黃豆芽，中火翻炒 3 分鐘，倒入開水，轉中火熬煮 2 分鐘。

❼ 隨後放入醃好的魚片，翻拌幾下，加適量鹽調味，隨後一同盛入大碗中。

❽ 將藤椒、青紅辣椒圈一同撒入碗中，剩餘的橄欖油燒熱，淋在藤椒、青紅辣椒圈上即可。

吸滿湯汁的魚塊

酸甜草魚

⌛ 45 分鐘　　中等

特色

魚塊先過油保持完整，口感外脆裡嫩，放入酸甜的湯汁中翻滾，更加嫩滑美味，加入清甜的青紅椒，使這道小炒魚更具誘惑力。

主食材

草魚肉（鯇魚肉）500 克

副食材

紅椒半顆
青椒半顆
太白粉（生粉）25 克
雞蛋 1 顆
醬油 2 湯匙
料理米酒 2 湯匙
米醋 2 湯匙
胡椒粉 1/2 茶匙
番茄醬 30 克
白糖 30 克
薑 3 克
大蔥 20 克
蒜 6 瓣
橄欖油 80 毫升
鹽適量

做法

❶ 草魚肉洗淨，用廚房紙巾吸乾水分，切成小塊，撒入胡椒粉和適量鹽拌勻，醃製 20 分鐘。

❷ 紅椒、青椒洗淨，去籽、去蒂、切小塊；薑去皮、切片；大蔥去皮、切段；蒜去皮；雞蛋打散成蛋液。

❸ 橄欖油倒入鍋中，燒至五成熱時，醃好的魚塊沾滿蛋液再裹滿太白粉（20 克），放入鍋中炸至金黃，盛出瀝乾油分。

❹ 另起一鍋不放油，燒熱後放入薑片、大蔥段、蒜瓣爆香。

❺ 加番茄醬、白糖、剩餘太白粉、少許鹽，倒入醬油、料理米酒、米醋和適量清水，熬成濃稠湯汁。

❻ 最後倒入炸好的魚塊和青紅椒塊炒勻，入味後出鍋即可。

烹煮訣竅

炸過的魚塊中有油分，再起鍋炒時無須再放油，避免油量過多，口感發膩，同時還可以減少攝油量。

吃得過癮

豆花花斑魚

⏳ 50 分鐘　難度 中等

特色

這道菜是在香辣豆花的前提上，多放一條魚。魚要提前蒸熟，把熬好的豆花湯汁淋在魚上，魚和豆花一同入口，鮮辣清香，回味無窮，保證一吃就愛上。

主食材

花斑魚 1 條

副食材

嫩豆花 200 克
郫縣豆瓣醬 30 克
油炸花生米 15 克
紅辣椒 2 根
青辣椒 2 根
薑 5 克
大蔥 20 克
香蔥 1 根
蒜 6 瓣
蒸魚豉油 2 湯匙
醬油 3 湯匙
料理米酒 3 湯匙
胡椒粉 1/2 茶匙
橄欖油 2 湯匙
高湯 500 毫升
鹽適量

烹煮訣竅

嫩豆花入鍋後可以翻拌攪碎，更容易吸飽湯汁的濃郁香氣，與鮮美的魚肉一同食用，口感更佳。

做法

❶ 花斑魚去鱗鰓、內臟，洗淨，在兩面魚身各劃幾刀，塗抹上胡椒粉和適量鹽，醃 20 分鐘。

❷ 青紅辣椒洗淨，去蒂、切圈；薑去皮、切片；大蔥切絲；蒜壓蓉；香蔥洗淨、切碎。

❸ 薑片鋪在盤底，花斑魚放在盤中，大蔥絲撒在花斑魚身上。

❹ 蒸鍋燒開水，把花斑魚放入蒸鍋中大火蒸分鐘，關火後再燜 2 分鐘。

❺ 鍋中倒橄欖油燒至五成熱，放入郫縣豆瓣醬、油炸花生米、蒜蓉炒香，倒入蒸魚豉油、醬油、料理米酒、高湯攪勻，放入嫩豆花，熬成濃稠湯汁。

❻ 花斑魚從蒸鍋中取出，撒上青紅辣椒圈，隨後淋上豆花湯汁，撒上香蔥碎調味即可。

蒜香肉嫩

蒜爆魚

⏳ 30 分鐘　難度 簡單

特色

透過熱水的汆煮，調味料的辛香滲入魚肉中，而這道菜的蒜蓉是關鍵，用熱油逼出蒜香，香氣濃郁，深受歡迎。

主食材

鯉魚1條

副食材

薑5克
大蔥30克
香菜（芫茜）1根
花椒粒5克
蒜1整顆
醬油3湯匙
料理米酒3湯匙
蒸魚豉油1湯匙
米醋2湯匙
白糖1茶匙
香油1/2茶匙
乾辣椒10根
橄欖油2湯匙
鹽適量

烹煮訣竅

1.煮魚的水一定要淹過魚身，水煮滾後，整條魚就能受熱均勻。
2.可將煮魚的步驟變成蒸魚，煮魚可以省去醃製的步驟，但蒸魚吃起來口感更鮮嫩，且能最大限度地鎖住魚中的營養成分。

做法

❶ 薑去皮、切片；大蔥去皮、切段；蒜去皮、切碎。

❷ 香菜去根、洗淨、切碎，乾辣椒切段。

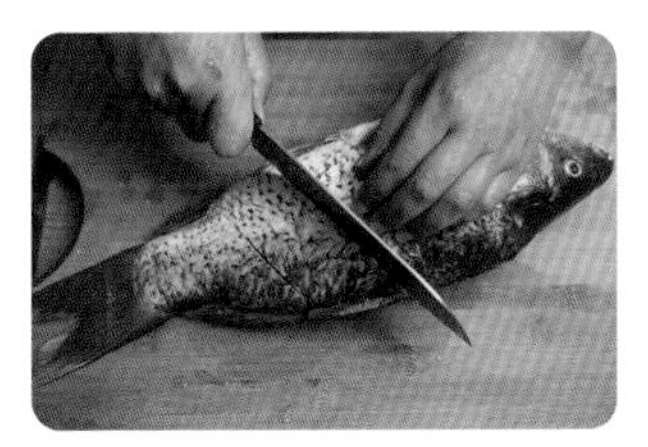

❸ 鯉魚去鱗鰓、去內臟，清洗乾淨，魚身兩面各劃幾刀。

❹ 將魚放入冷水中，加薑片、大蔥段、花椒粒、適量鹽，大火煮滾後轉中火煮15分鐘，撈出擺入盤中。

❺ 煮魚的過程中，將醬油、料理米酒、蒸魚豉油、米醋、白糖、香油混合調成醬汁。

❻ 蒜蓉撒在魚身上，再淋上醬汁。

❼ 辣椒段放在橄欖油中，加熱後直接淋在魚身上，再撒入香菜末調味即可。

意想不到的鮮美

醬汁九肚魚

60分鐘　中等

特色

九肚魚圓潤可愛，也是魚類中鮮美程度數一數二的食材，如果煎、炸、煮、燉都膩了，可以嘗試炸過後泡在醬汁中，味道絕對是你意想不到的。

主食材

九肚魚300克

副食材

薑3克
大蔥30克
料理米酒4湯匙
醬油4湯匙
濃醬油1湯匙
蠔油1湯匙
蜂蜜1湯匙
香油1/2茶匙
五香粉1茶匙
米醋1湯匙
綠茶水200毫升
熟白芝麻1克
橄欖油適量

做法

❶ 薑去皮、切絲；大蔥去皮、切絲。

❷ 將醬油、料理米酒各2湯匙、濃醬油、蠔油、蜂蜜、香油、五香粉、米醋、綠茶水混合攪勻，放入鍋中熬成醬汁，自然放涼。

❸ 九肚魚去魚骨，洗淨，加薑絲、大蔥絲，倒入剩餘醬油、料理米酒拌勻，醃製20分鐘。

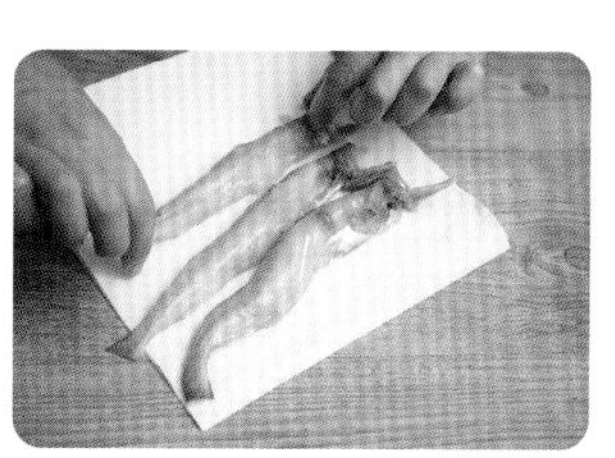

❹ 醃好的九肚魚用廚房紙巾吸乾水分，橄欖油倒入鍋中，燒至六成熱時，放入九肚魚炸至金黃，撈出瀝油。

❺ 再次將九肚魚放入油鍋中炸一次，撈出後放入待涼的醬汁中浸泡30分鐘。

❻ 做好的魚撒入熟白芝麻調味即可。

烹煮訣竅

熏魚的醬汁熬煮時間可久一點，濃稠一些，待涼後放入九肚魚浸泡，更容易入味。

好看又美味

魚釀橙

30分鐘　簡單

特色

香橙上市，橙肉酸甜多汁，搗出橙肉和巴沙魚攪拌在一起，為巴沙魚增添了一分香甜，巴沙魚也因香橙而更加鮮美。再放入橙盅內蒸熟，還省了洗碗的麻煩。

主食材

巴沙魚300克
香橙2顆

副食材

檸檬2顆
胡椒粉1/2茶匙
鹽適量

做法

❶ 巴沙魚解凍、洗淨，放入調理機中打成泥。

❷ 兩顆香橙分別在頂端1/3處切開，挖出全部果肉後，剩餘的2/3做橙盅。

❸ 檸檬切成兩半，擠出檸檬汁，倒入巴沙魚泥中，加入香橙肉、胡椒粉、鹽，順時針攪拌至黏稠。

❹ 拌好的橙肉魚泥一分為二，分別裝在橙盅內。

❺ 蒸鍋中燒開水，放入做好的魚釀橙，大火蒸10分鐘，關火後悶2分鐘即可。

烹煮訣竅

1.魚釀橙放入蒸鍋時要固定，避免傾斜而使橙盅內的食材跑出。
2.在巴沙魚泥中加入一顆雞蛋，更容易攪拌至黏稠，增加魚肉的彈性，令口感更嫩滑。

特色

巴沙魚和豆腐都是簡單的食材，花點心思就能變成美味。巴沙魚醃製入味後與豆腐交叉擺放，互相吸收彼此的香氣，再感受豆豉和剁椒的鮮香，香氣四溢，令人大快朵頤。

主食材

巴沙魚300克
嫩豆腐1盒

副食材

乾豆豉15克
胡椒粉1/2茶匙
剁椒碎15克
蒸魚豉油1湯匙
醬油3湯匙
料理米酒3湯匙
香油1/2茶匙
薑2克
蒜4瓣
香蔥1根
鹽適量

烹煮訣竅

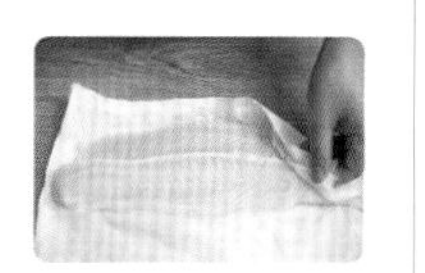

巴沙魚提前吸乾水分再醃製，才不會因水分溶解調味料而無法入味。

做法

❶ 巴沙魚解凍，用廚房紙巾吸乾水分，切成厚約0.5公分的片，撒入胡椒粉和鹽拌勻，醃製20分鐘。

❷ 乾豆豉切碎；薑去皮、切末；蒜去皮、壓蓉；香蔥洗淨、切碎。

❸ 嫩豆腐從盒中取出，切成厚約0.3公分的豆腐片，與醃好的巴沙魚片交叉斜著擺入盤中。

❹ 蒸魚豉油、醬油、料理米酒、香油、薑末、蒜蓉混合均勻調成醬汁

❺ 將乾豆豉碎、剁椒碎均勻地撒在巴沙魚豆腐片上，再淋入醬汁。

❻ 蒸鍋中燒開水，放入豆腐巴沙魚片，大火蒸7分鐘，關火後燜1分鐘，撒入香蔥碎調味即可。

完美結合才獨特

菱角魚肉粉絲煲

⌛ 45 分鐘　　簡單

特色

菱角清新爽脆，魚肉鮮美嫩滑，粉絲柔軟絲滑，三者完美結合，打造出獨特的味道。

主食材

鮁魚肉（馬鮫魚肉）350 克
菱角350 克
粉絲40 克

副食材

雞蛋1 顆
胡蘿蔔半根
青椒半顆
薑末2 克
蒜末6 瓣
太白粉（生粉）
1/2 茶匙
胡椒粉 1/2 茶匙
醬油3 湯匙
料理米酒3 湯匙
蠔油1 湯匙
橄欖油3 湯匙
鹽適量

做法

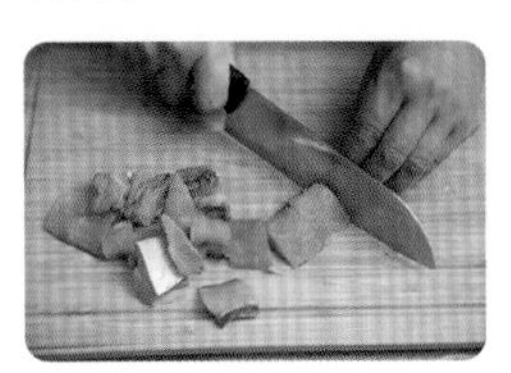

❶ 鮁魚肉洗淨，切成2 公分的塊狀，加入雞蛋。

❷ 在鮁魚肉中加入醬油和料理米酒各1 湯匙、胡椒粉、太白粉、鹽抓勻，醃製30分鐘。

❸ 菱角剝肉，對半切開，泡水備用。胡蘿蔔去皮，洗淨，切成2 公分的塊狀；青椒洗淨，去籽、切碎。

❹ 炒鍋中倒入橄欖油，加薑末、蒜末爆香，再放入菱角塊、胡蘿蔔塊、青椒碎，大火翻炒3 分鐘。

❺ 再倒入剩餘醬油和料理米酒、蠔油炒勻調味，再倒入適量的清水煮滾。

❻ 放入粉絲煮軟，再放入醃好的鮁魚肉攪勻，煮至鮁魚肉變色，加少許鹽調味即可。

烹煮訣竅

粉絲吸水性強，注意避免糊鍋，加清水時要多倒一些。

特色

喜歡吃秋刀魚，但餐廳料理的口味不是原味，就是椒鹽，也吃得有點膩。不妨試試咖哩口味，當兩種食材碰撞在一起，就能迸出絕妙好滋味！

主食材

秋刀魚5 條

副食材

咖哩醬30 克
檸檬1 顆
薑2 克
香蔥3 根
小青橘4 個
羅勒葉2 克
鹽適量

烹煮訣竅

可在秋刀魚的表層塗抹一層白醋，放入烤箱烘烤10 分鐘，再取出抹上咖哩檸檬醬繼續烤，可增加秋刀魚的酥脆感。

做法

❶ 秋刀魚清理乾淨，用廚房紙巾吸乾水分。

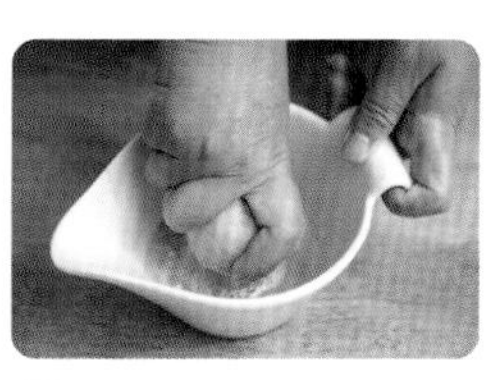

❷ 檸檬切成兩半，擠出檸檬汁；薑去皮、切片；香蔥去根、洗淨、段；小青橘對半切開。

❸ 咖哩醬中倒入檸檬汁，撒少許鹽攪勻，調成檸檬咖哩醬。

❹ 在秋刀魚的兩面均勻抹上咖哩檸檬醬，放在錫箔紙上。

❺ 再放入薑片、香蔥段、小青橘瓣和羅勒葉，將錫箔紙包裹起來，放入烤盤中。

❻ 將包裹好的秋刀魚放入預熱好的烤箱中層，上下火200℃ 烤20 分鐘即可。

是主食，也是零食

蒸魚糕

30 分鐘　簡單

特色

將鯛魚肉打成細膩的泥，完全感覺不到魚骨的存在，再依序加入營養豐富的蔬菜和雞蛋，也不用加入過多的調味料，口感清淡鮮香，賣相十足。

主食材

鯛魚1條

副食材

雞蛋1顆
胡蘿蔔30克
萵筍30克
鮮香菇1個
太白粉（生粉）1茶匙
料理米酒2湯匙
橄欖油1茶匙
鹽適量

烹煮訣竅

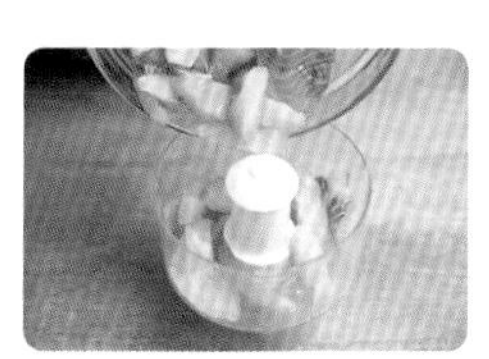

鯛魚的魚骨一定要去除乾淨，或在調理機中多攪打一會兒，把魚骨打得細碎，才不會影響口感。

做法

❶ 鯛魚清理乾淨，去頭、去尾、去皮，從背部開片，剔除魚骨，將魚肉切成小塊。

❷ 將鯛魚塊放入調理機中打成泥。

❸ 將雞蛋的蛋白、蛋黃分離；胡蘿蔔、萵筍去皮，洗淨、切碎；鮮香菇洗淨、切碎。

❹ 魚泥中加入蛋白、胡蘿蔔碎、萵筍碎、香菇碎、太白粉、料理米酒、鹽拌勻。

❺ 在方形容器的底部刷一層橄欖油，將拌勻的魚泥倒在容器中，表層刮平。

❻ 蒸鍋中燒開水，魚泥放在蒸鍋中大火蒸5分鐘。

❼ 將蛋黃打散，掀開蒸鍋蓋，把蛋黃液倒在魚泥表層，蓋好鍋蓋繼續蒸2分鐘，關火後再燜2分鐘。

❽ 待蒸好的魚糕溫度稍微冷卻後，切成小塊即可。

蓬鬆軟嫩，鮮香四溢

蒲燒鰻魚

35 分鐘　簡單

特色

光看到鰻魚兩個字，嘴巴裡已經充滿了鮮香。在外面吃鰻魚，一份沒有幾塊，總是意猶未盡。學會了這個方法，在家想吃多少做多少，一次吃個夠。

主食材

鰻魚250 克

副食材

燒烤汁3 湯匙
味醂3 湯匙
清酒3 湯匙
蜂蜜2 湯匙
白糖5 克
熟白芝麻1 克
海苔絲少許
橄欖油適量

烹煮訣竅

1.煎鰻魚的時間不要太長，7 分鐘左右為宜，太久容易焦。
2.醬汁煮到起大泡、醬汁濃稠為宜，淋在鰻魚上口感更佳。

做法

❶ 鰻魚清理乾淨，用熱水沖泡，去掉身上的黏液，用廚房紙巾吸乾水分。

❷ 鍋中倒入燒烤汁、清酒、味醂、蜂蜜、白糖，熬成濃稠的醬汁，待涼。

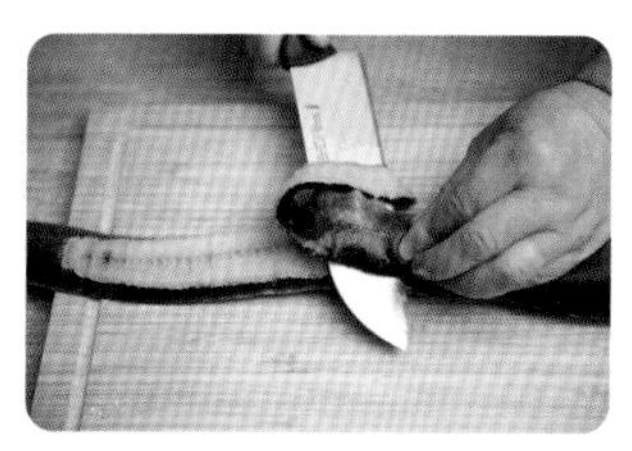

❸ 將鰻魚肉沿著中間的大骨片下來，切成約15 公分長的片，用牙籤從兩側插入固定鰻魚片。

❹ 取一半醬汁淋在鰻魚上，密封起來，放入冰箱冷藏8小時。

❺ 不沾鍋中倒入適量橄欖油，燒至五成熱時，放入醃製好的鰻魚，小火煎至兩面出香，盛出鰻魚。

❻ 將剩餘的醬汁再次熬煮至微開冒泡，淋在鰻魚上。

❼ 最後均勻撒入熟白芝麻和海苔絲即可。

忍不住了，快吃

馬鈴薯泥鮪魚塔

⏳ 50 分鐘　　簡單

特色

將醇香細膩的鮪魚搗成泥，和百吃不膩的馬鈴薯泥混合，加入可口的沙拉醬調味做成塔餡，放在酥香的塔皮上，想不好吃都難。

主食材

鮪魚（吞拿魚）罐頭200 克

馬鈴薯60 克

副食材

塔皮（撻皮）4 個

沙拉醬3 湯匙

做法

❶ 塔皮放在塔模中，放入預熱好的烤箱中層，上下火180℃ 烤20 分鐘。

❷ 在烤塔皮的過程中，馬鈴薯去皮、洗淨，切成小塊，放入蒸鍋中蒸熟，搗成泥。

❸ 鮪魚罐頭搗碎成泥，和馬鈴薯泥混合，加入沙拉醬攪拌均勻。

❹ 取出塔皮，趁熱將拌好的鮪魚馬鈴薯泥分成均等的四份，填入塔皮中。

❺ 再將馬鈴薯鮪魚塔放入烤箱中層，上下火200℃ 烤15 分鐘即可。

烹煮訣竅

1.選用市售的塔皮方便快速，特別適合懶人，若時間充足也可以自製，減少油量，更健康。

2.盡量選水浸的鮪魚罐頭，低脂健康，可減少油量的攝取。

有魚的湯粥

2

CHAPTER

吃得精緻，喝得健康

豆漿鮰魚湯

⏳ 60 分鐘　　簡單

特色

鮰魚肉質肥而不膩，豆漿鮮濃醇香，二者結合，造就出一碗濃濃的白汁湯，看上去營養滿滿，再吸收香菇和菜心的原香，湯濃而不膩，魚肉肥嫩滑爽。

主食材

鮰魚1條

副食材

豆漿300毫升
薑5克
香蔥4根
鮮香菇2個
菜心150克
胡椒粉1/2茶匙
花雕酒4湯匙
橄欖油80毫升
鹽適量

烹煮訣竅

1.倒入豆漿之前，可先將鍋中的薑片和蔥結撈出，避免影響豆漿的鮮味。
2.魚肉塊要切得稍大一些，熬煮出來形不散。

做法

❶ 魚清理乾淨，頭尾分別切下，沿著魚骨剔下兩排魚肉，魚骨、魚肉分別切成小塊。

❷ 薑去皮、切片；香蔥去根洗淨，分別打結。

❸ 鮮香菇頂端劃出十字花造型；香菇和菜心分別洗淨，放入開水中燙熟。

❹ 鮰魚肉中放入胡椒粉，倒入2湯匙花雕酒，醃製20分鐘。

❺ 鍋中倒入40毫升橄欖油，燒至五成熱，放入鮰魚頭、尾、骨，煎至兩面金黃，加入1/2的薑片、2個蔥結，倒入適量清水，大火煮滾，熬煮20分鐘。

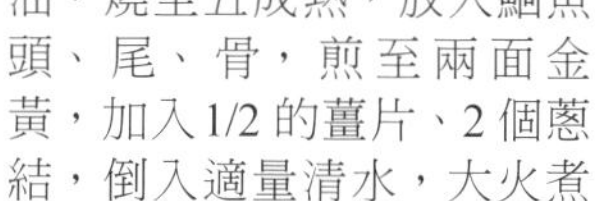

❻ 將熬煮好的鮰魚湯過濾出魚骨備用。

❼ 另起炒鍋，倒入剩餘橄欖油，燒至五成熱，放入剩餘薑片、蔥結爆香，再下魚肉塊，倒入魚湯和剩餘花雕酒，大火熬煮15分鐘。

❽ 最後倒入豆漿，加入香菇和菜心繼續熬煮5分鐘，再撒入適量鹽調味即可。

聚集全部的精華

香蔥無骨鯽魚湯

⌛ 40 分鐘　簡單

特色

之所以說是無骨，是因為鯽魚全身的精華經過破壁機的加工打得細碎，毫無保留地融入湯中，再融入香蔥的芳香，整道湯蔥香濃郁，鮮美可口。

主食材

鯽魚 1 條

副食材

香蔥30 克
薑3 克
料理米酒3 湯匙
枸杞子10 粒
橄欖油2 湯匙
鹽適量

做法

❶ 薑去皮、切片；2 根香蔥去根，洗淨、打結；其餘香蔥去根，洗淨、切碎；枸杞子洗淨。

❷ 鯽魚清理乾淨，切成小塊，浸泡在清水中，加入香蔥結和1/2的薑片，浸泡20分鐘。

❸ 撈出鯽魚塊，瀝乾水分。炒鍋中倒入橄欖油，燒至五成熱時放入鯽魚塊。

❹ 將鯽魚塊煎至兩面金黃，加入適量清水，大火煮滾後轉小火，熬煮20 分鐘。

❺ 熬煮好的鯽魚湯同魚塊一同放入破壁機中，加入香蔥碎、料理米酒、鹽、剩餘薑片，攪打熬煮成細膩的濃湯。

❻ 鯽魚湯盛出後撒上枸杞子點綴即可。

烹煮訣竅

1.一般的破壁機都有攪碎煮熟的功能，若沒有烹煮功能，需要再將鯽魚湯移鍋煮滾後食用。
2.鯽魚先煎香熬煮成濃白的湯汁，再與香蔥碎一同攪打熬成細膩的湯，不僅去腥無骨，湯汁也更清潤。

再也不會浪費掉菌菇
菌菇鯽魚湯

⏳ 55 分鐘　　簡單

特色

鯽魚湯可不是只有和豆腐配在一起才好喝。家裡買的菌菇總是放爛了都不知道該怎麼辦，清洗乾淨，再放一條鯽魚，往鍋中一丟，滋味鮮濃，肉質細嫩。

主食材

鯽魚 1 條

副食材

白玉菇 80 克
鮮香菇 3 個
乾姬松茸 10 克
乾木耳 5 克
薑 3 克
香蔥 2 根
料理米酒 3 湯匙
胡椒粉 1/2 茶匙
橄欖油 3 湯匙
鹽適量

烹煮訣竅

1. 鯽魚提前用油煎香乳化，熬煮出的湯汁才會濃稠奶白。
2. 菌菇提前過水燙一下，可去除菌菇中的怪味，口感會更好。

做法

❶ 乾姬松茸、乾木耳提前 1 小時泡發，洗淨。

❷ 鯽魚清理乾淨，用廚房紙巾吸乾水分，塗抹上胡椒粉和鹽，醃製 20 分鐘。

❸ 白玉菇洗淨；鮮香菇頂端劃十字刀，洗淨；薑去皮、切片；香蔥去根，洗淨，打成結。

❹ 炒鍋中倒入橄欖油，燒至五成熱時，放入醃好的鯽魚煎至兩面金黃，放入薑片、香蔥結，倒入料理米酒和適量清水，大火煮滾。

❺ 隨後放入白玉菇、香菇、姬松茸和木耳，大火煮滾後轉小火熬煮 25 分鐘。

❻ 關火前撒入適量鹽調味即可。

湯鮮味更美

豆腐煎蛋九肚魚湯

⌛ 50 分鐘　簡單

特色

九肚魚肉滑而不腥，煎過之後熬煮出的湯汁奶白濃郁，再放入味美軟嫩豆腐，增添了一股豆香。蓋上一顆煎蛋，豐富了營養，整道湯清新可口。

主食材

九肚魚250 克
豆腐250 克

副食材

小油菜2 根
雞蛋1 顆
薑3 克
香蔥2 根
料理米酒3 湯匙
胡椒粉1/2 茶匙
橄欖油40 毫升
鹽適量

做法

❶ 九肚魚去掉魚頭，清理乾淨，切成約5 公分長的段，加胡椒粉和鹽醃製20 分鐘。

❷ 小油菜洗淨；薑去皮、切片；香蔥去根，洗淨、打結；豆腐切成2 公分的塊狀。

❸ 炒鍋中倒入10 毫升橄欖油，燒至五成熱時，加入雞蛋，撒少許鹽，中小火煎熟，盛出備用。

❹ 炒鍋中煎蛋的底油留用，再倒入剩餘橄欖油，燒至五成熱時放入醃好的九肚魚兩面煎香。

❺ 再放入豆腐塊、薑片、香蔥結，倒入料理米酒和適量的清水，大火煮滾後轉小火熬煮15 分鐘。

❻ 再放入小油菜、煎蛋，繼續熬煮2 分鐘，出鍋前撒適量鹽調味即可。

烹煮訣竅

可以把雞蛋煎成半熟荷包蛋，蛋汁流入魚湯中，口感更濃郁。

這樣吃很下飯

寬粉黃辣丁湯

70 分鐘　中等

特色

黃辣丁炒出香，加調味料燉至入味，再放入泡軟的寬粉。寬粉在燉煮的過程中吸飽濃香的湯汁，滋味濃郁。吃時吸溜一口寬粉，再夾一塊黃辣丁的肉，配一碗白米飯，過癮！

主食材

黃辣丁1條

副食材

寬粉40克
黃燈籠辣椒醬20克
泡椒4根
紅辣椒3根
青辣椒3根
薑3克
香蔥2根
蒜5瓣
醬油3湯匙
料理米酒3湯匙
胡椒粉1/2茶匙
白糖1/2茶匙
橄欖油3湯匙
鹽適量

寬粉吸水性強，為避免寬粉黏在一起不好夾，可以多倒一些水，或煮好後儘快食用。

做法

❶ 黃辣丁清理乾淨，切成小塊，加胡椒粉和鹽拌勻，醃製20分鐘。

❷ 寬粉在清水中泡軟；紅、青辣椒洗淨，去蒂、切圈。

❸ 薑去皮、切片；蒜去皮；香蔥去根，洗淨，打成結。

❹ 鍋中倒入橄欖油，燒至五成熱時，倒入黃燈籠辣椒醬，放入泡椒炒香，再加入醃好的黃辣丁塊，大火炒至微黃。

❺ 放入薑片、香蔥結、蒜瓣、白糖、青紅辣椒圈，倒入醬油、料理米酒和適量清水，大火煮滾後轉小火熬煮20分鐘。

❻ 再加入泡軟的寬粉，加少許鹽，轉中小火繼續熬煮10分鐘即可。

天冷暖身，一碗就夠

奶油鮭魚湯

40 分鐘　簡單

特色

鮭魚肉質鮮嫩，深受眾人喜愛，原本就特別好吃，再和香甜的奶油燉在一起，特別適合天冷時食用，喝一碗，暖遍全身。

主食材

鮭魚（三文魚）350 克
奶油（忌廉）50 毫升

副食材

牛奶50 毫升
馬鈴薯80 克
胡蘿蔔80 克
紫洋蔥60 克
丁香3 克
肉豆蔻2 個
百里香1 根
現磨黑胡椒粉2 克
橄欖油3 湯匙
鹽適量

做法

❶ 鮭魚洗淨，用廚房紙巾吸乾水分，切成小塊，磨入黑胡椒粉和適量鹽拌勻，醃製20 分鐘。

❷ 馬鈴薯、胡蘿蔔洗淨，去皮，切成2 公分正方形塊狀；紫洋蔥去皮，切成小塊；百里香洗淨，切成段。

❸ 鍋中倒入橄欖油，燒至五成熱時，放入丁香、肉豆蔻、紫洋蔥塊爆香。

❹ 放入馬鈴薯塊、胡蘿蔔塊，加入適量清水煮滾，煮至蔬菜變軟。

❺ 再倒入奶油和牛奶攪拌均勻，接著放入鮭魚塊。

❻ 待鮭魚塊變色後，加適量鹽調味，撒入百里香段點綴即可。

烹煮訣竅

1.鮭魚變色即熟，不要煮太久，否則鮭魚容易散碎，也影響口感。
2.倒入奶油和牛奶後，用中小火來熬煮，否則容易燒焦。

快速簡易湯
番茄青菜魚丸湯

⌛ 50 分鐘　簡單

特色

鱈魚沒有刺，打成細膩的魚泥做成魚丸，再用番茄湯煮熟，放入青菜，簡單好做，營養又美味，直接食用或配米飯均可。

主食材

鱈魚 400 克
番茄 2 顆

副食材

青菜 80 克
雞蛋 1 顆
太白粉（生粉）1 茶匙
薑 2 克
香蔥 1 根
胡椒粉 1/2 茶匙
醬油 2 湯匙
香油 1/2 茶匙
橄欖油 2 湯匙
鹽適量

烹煮訣竅

1.魚丸一定要朝同一個方向攪打至黏稠，分幾次加少許清水，口感才彈滑。
2.勺子在取魚丸之前，先在冷水裡沾一下，防止魚丸沾在勺子上。

做法

❶ 鱈魚洗淨，用廚房紙巾吸乾水分，切成小塊，放入調理機中攪打成細膩的魚泥。

❷ 番茄底部劃十字，開水燙一下，去皮，切成塊；青菜洗淨，切小段；香蔥去根，洗淨、鹽，分多次加入適量清切碎；薑去皮，切末。

❸ 雞蛋加入魚泥中，加入太白粉、薑末、香蔥碎、胡椒粉、醬油、香油、鹽，分多次加入適量清水，順時針攪打至黏稠。

❹ 鍋中倒入橄欖油，燒至五成熱時，放入番茄塊炒出湯汁，隨後倒入適量清水，大火煮滾。

❺ 左手取適量魚泥，從虎口處擠出光滑的魚丸，右手拿勺接住魚丸依序放入鍋中。

❻ 待所有魚丸漂起煮熟後，放入青菜段，加適量鹽調味即可。

吃出火鍋的感覺

辣魚湯

⌛ 45 分鐘　難易度：簡單

特色

蒜蓉醬和辣醬成了這道魚湯的點睛之筆，平時喝清淡的湯多了，可以適當換換口味，多放幾種不同的蔬菜，再放入魚片，有種吃鮮魚火鍋的感覺呢！

主食材

鯖魚400克

副食材

金針菇40克
豆腐100克
小黃瓜（小青瓜）50克
胡蘿蔔50克
白玉菇50克
寬粉20克
紅辣椒3根
蒜蓉醬25克
辣椒醬20克
醬油3湯匙
料理米酒3湯匙
胡椒粉1/2茶匙
香草鹽適量

做法

❶ 鯖魚處理乾淨，沿脊骨將魚肉片下，切成2公分的魚塊，加入胡椒粉和香草鹽拌勻，醃製20分鐘。

❷ 寬粉洗淨，提前泡軟；金針菇去根、洗淨，撕成小縷；豆腐切成厚約0.2公分的片。

❸ 小黃瓜洗淨，斜刀切薄片；胡蘿蔔去皮，洗淨，切薄片；白玉菇洗淨；紅辣椒洗淨，去蒂、切圈。

❹ 砂鍋中加適量清水煮滾，倒入醬油、料理米酒，加蒜蓉醬、辣椒醬攪勻。

❺ 再放入金針菇、豆腐片、胡蘿蔔片、白玉菇、寬粉、紅辣椒圈，煮至食材變軟、變熟。

❻ 接著放入鯖魚塊，加入小黃瓜片，待魚片變色後關火即可。

烹煮訣竅

1.鯖魚肉質緊致，不容易鬆散，稍微煮久一點，味道更濃郁。
2.最後加入小黃瓜片，少煮幾分鐘，可保持清脆的口感和青翠的顏色。

酸辣開胃

魚皮酸辣湯

⌛ 50 分鐘　　簡單

特色

魚渾身都是寶，就拿魚皮來說，可以炒、炸、煎等。在酸辣湯上加點魚皮，營養又美味，不管是飯前墊肚子，還是消夜都是不錯的選擇呢！

主食材

鯉魚皮200克

副食材

金針菇30克
竹筍20克
鮮香菇1個
豆腐皮1張
胡蘿蔔30克
乾木耳3克
雞蛋1顆
醬油3湯匙
料理米酒3湯匙
胡椒粉1/2茶匙
辣椒粉1/2茶匙
米醋3湯匙
橄欖油3湯匙
薑2克
香蔥1根
太白粉（生粉）5克
鹽適量

烹煮訣竅

1.米醋不要提早放入鍋中，否則會隨著不斷加熱而揮發。
2.蛋黃取出後不要浪費，可以放入冰箱冷藏保存，留做他用。

做法

❶ 鯉魚皮洗淨，切小塊，加胡椒粉和適量鹽拌勻，醃製20分鐘。

❷ 乾木耳提前泡發，洗淨，切成絲；金針菇洗淨，撕成絲；竹筍洗淨，切絲。

❸ 鮮香菇洗淨，去根、切絲；豆腐皮切絲；胡蘿蔔洗淨，去皮、切絲；薑去皮、切末；香蔥去根，洗淨，切碎。

❹ 將醬油、料理米酒、太白粉、辣椒粉混合調成醬汁。

❺ 鍋中倒入橄欖油，燒至五成熱時放入薑末爆香，再放入鯉魚皮炒香，倒入適量清水，大火煮滾。

❻ 再加入木耳絲、金針菇、竹筍絲、香菇絲、豆腐皮絲、胡蘿蔔絲，煮至食材變軟變熟。

❼ 把醬汁倒入鍋中，攪拌均勻，撒入適量鹽，倒入米醋調味。

❽ 將雞蛋的蛋白蛋黃分離，蛋白留用打散，均勻淋入湯鍋中，待漂出蛋花，撒入香蔥碎即可。

營養滿分

莧菜銀魚湯

⌛ 25 分鐘　🍲 簡單

特色

新鮮上市的莧菜營養價值很高；銀魚潔白鮮嫩，肉質細嫩又美味。銀魚入油鍋炒出香味，加水熬煮，出鍋前放入莧菜，湯香菜鮮，入口甘香。

主食材

銀魚100 克

副食材

莧菜60 克
薑2 克
橄欖油2 湯匙
料理米酒3 湯匙
太白粉（生粉）5 克
胡椒粉1/2 茶匙
香菜（芫茜）1 根
香油1/2 茶匙
鹽適量

做法

❶ 銀魚處理乾淨，用廚房紙巾吸乾水分。

❷ 莧菜洗淨，切成碎末；薑去皮、切末；香菜去根，洗淨、切碎；太白粉加適量清水調成太白粉水。

❸ 鍋中倒入橄欖油，燒至五成熱時加入薑末爆香，再放入銀魚大火翻炒至微黃。

❹ 隨後倒入適量清水和料理米酒，撒入胡椒粉攪勻，大火煮滾後轉小火，繼續熬煮10 分鐘。

❺ 再倒入太白粉水攪勻，加入莧菜碎翻拌均勻。

❻ 撒入適量鹽和香菜末，淋入香油調味即可。

烹煮訣竅

若沒有新鮮的銀魚，可用乾銀魚代替，需要提前用清水浸泡，去除部分鹹味，避免湯過鹹，影響口感。

補腦提神、營養美味

山藥竹笙魚頭湯

⌛ 60 分鐘　簡單

特色

想要每天精神好，可以多煮一鍋湯。魚頭健腦提神，是公認的補腦佳品，再和營養價值很高的山藥、竹笙一起做湯，堪稱一絕。

主食材

大頭鰱魚頭（大魚魚頭）1 個

副食材

山藥200 克
乾竹笙5 根
薑5 克
香蔥2 根
花雕酒3 湯匙
胡椒粉 1/2 茶匙
橄欖油3 湯匙
鹽適量

烹煮訣竅

1.山藥去皮切塊後要放在清水中浸泡，避免與空氣接觸氧化變色，影響美觀度。
2.魚頭要在清水中多浸泡一會兒，不但能去除血水，也能去掉部分腥味。

做法

❶ 大頭鰱魚頭處理乾淨，對半切開，放入清水中浸泡10分鐘，再用廚房紙巾吸乾水分。

❷ 乾竹笙提前10分鐘泡軟，去掉菌裙和根部，切成小段；山藥洗淨，去皮，切滾刀塊。

❸ 薑去皮、切片；香蔥去根，洗淨，打成結。

❹ 鍋中倒入橄欖油，燒至五成熱時，放入魚頭煎至兩面金黃，倒入花雕酒，放入薑片和香蔥結，倒入適量清水，大火煮滾後轉小火，繼續熬煮10 分鐘。

❺ 再撒入胡椒粉，放入山藥塊和竹笙段，中火繼續熬煮15 分鐘。

❻ 關火前撒上適量鹽調味即可。

鮮香四溢

清燉魚尾湯

40 分鐘　簡單

特色

魚尾是整條魚中最不被看中的部位，殊不知它可香著呢！不用加太多的調味料，倒點水燉一燉，鮮香四溢，只想霸佔一整鍋魚尾湯。

主食材

鱘魚尾 1 條

副食材

薑 3 克
香蔥 2 根
料理米酒 3 湯匙
陳皮 2 克
八角 2 個
胡椒粉 1/2 茶匙
香菜（芫茜）1 根
橄欖油 2 湯匙
鹽適量

做法

❶ 鱘魚尾處理乾淨，兩面各劃 2 刀，用廚房紙巾吸乾水分。

❷ 薑去皮、切片；香蔥去根，洗淨，打成結；香菜去根，洗淨，切碎；陳皮洗淨。

❸ 鍋中倒入橄欖油，燒至五成熱時放入鱘魚尾，煎至兩面金黃，倒入料理米酒。

❹ 再加入薑片、香蔥結、陳皮、八角，倒入適量清水，大火煮滾後轉中火熬煮 25 分鐘。

❺ 魚尾湯煮好後撒入胡椒粉和適量鹽拌勻。

❻ 出鍋前撒入香菜末調味即可。

烹煮訣竅

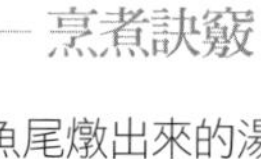

魚尾燉出來的湯很鮮，無須多放其他調味料，以免搶掉魚尾的鮮香。

特色

小時候，看到別人收拾魚都把魚鰾扔掉，不知何時，魚鰾成為餐桌上的美味。雖然有點腥味，但和雞腿、紫蘇放在一起就完全感覺不到了，而且魚鰾爽脆鮮嫩、回味無窮。

主食材

鮮魚鰾150克
雞腿200克

副食材

紫蘇葉65克
薑5克
香蔥2根
料理米酒3湯匙
胡椒粉1/2茶匙
鹽適量

鮮而不腥

紫蘇雞腿魚鰾湯

⧗ 70分鐘　　簡單

烹煮訣竅

1.魚鰾腥味較重，雞腿的油脂可以吸取魚鰾的部分腥味，使湯味更鮮。
2.鮮魚鰾可用乾魚鰾代替，但需提前泡發。

做法

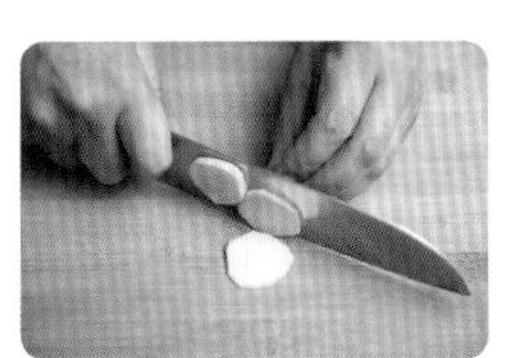

❶ 薑去皮、切片；香蔥去根，洗淨，打成蔥結；紫蘇葉洗淨。

❷ 魚鰾和雞腿洗淨，切成小塊，放入開水中汆煮3分鐘，撈出後沖洗乾淨。

❸ 把魚鰾塊、雞腿塊放入砂鍋中，加入薑片和香蔥結。

❹ 向砂鍋中倒入料理米酒，加適量清水，大火煮滾後轉中小火熬煮40分鐘。

❺ 再撒入胡椒粉和適量鹽調味。

❻ 放入紫蘇葉，繼續熬煮2分鐘即可關火。

砂鍋中的佼佼者

果蔬魚丸砂鍋

50 分鐘　中等

特色

提到砂鍋，精神就來了。眾多砂鍋中，我只喜歡魚丸砂鍋。用鮁魚肉親手打出魚丸，多選幾種配菜，營養健康、鮮味十足，連米飯都可以不吃。

主食材

鮁魚肉（馬鮫魚肉）200克

副食材

雞蛋1顆
太白粉（生粉）5克
胡椒粉1/2茶匙
馬鈴薯粉40克
胡蘿蔔半根
鮮香菇1個
秀珍菇40克
小油菜2根
木瓜30克
鳳梨（菠蘿）80克
蠔油1湯匙
醬油3湯匙
料理米酒3湯匙
香油1/2茶匙
泡椒4根
薑2克
香蔥1根
鹽適量

烹煮訣竅

可以加點辣醬在湯中，更能提鮮開胃，直接喝湯或泡飯都很香。

做法

❶ 鮁魚肉洗淨，用廚房紙巾吸乾水分，切成小塊，放入調理機中打成細膩的魚泥。

❷ 馬鈴薯粉浸泡在清水中；鮮香菇洗淨，切成片；秀珍菇洗淨，掰成小朵；胡蘿蔔洗淨，去皮，切塊。

❸ 小油菜洗淨；木瓜、鳳梨分別去皮，切成滾刀塊；薑去皮，切末；香蔥去根，洗淨，切碎。

❹ 魚泥中加入雞蛋，放入太白粉、胡椒粉、薑末、香蔥碎、鹽，分多次加入清水，攪打至黏稠。

❺ 砂鍋中倒入適量開水，加入泡椒、馬鈴薯粉、胡蘿蔔塊、香菇片、秀珍菇、木瓜塊、鳳梨塊，倒入醬油、料理米酒、蠔油攪拌均勻，中火熬煮10分鐘。

❻ 左手取適量魚泥，從虎口處擠出光滑的魚丸，右手拿勺將魚丸挖入鍋中。

❼ 待魚丸煮熟漂起後，放入小油菜，繼續煮2分鐘，加適量鹽，淋入香油調味即可。

高顏值家常湯

翡翠魚丁羹

35分鐘　簡單

特色

小白菜和白玉菇就像食材中的翡翠，清鮮翠綠，和肉質細嫩的龍利魚煮一鍋湯，清香鮮美，老少皆宜。

主食材

龍利魚200克
小白菜35克

副食材

雞蛋1顆
白玉菇20克
豆腐40克
薑2克
太白粉（生粉）5克
胡椒粉1/2茶匙
橄欖油2湯匙
料理米酒2湯匙
鹽適量

烹煮訣竅

1.蛋黃可留做其他用途。
2.大火煮滾後可繼續熬煮至湯汁發白，再放入龍利魚，煮出來的湯，色澤更美。

做法

❶ 龍利魚洗淨，用廚房紙巾吸乾水分，切成2公分的塊狀，加胡椒粉和適量鹽醃製20分鐘。

❷ 小白菜洗淨、切碎；白玉菇洗淨；豆腐洗淨，切成2公分的塊狀；薑去皮、切末。

❸ 將雞蛋的蛋白、蛋黃分離；取蛋白，打散；太白粉加適量清水調成太白粉水。

❹ 鍋中倒入橄欖油，燒熱至五成時放入薑末爆香，隨後放入白玉菇炒軟，再加入豆腐，倒入適量清水。

❺ 大火煮滾後放入龍利魚塊，倒入料理米酒，中火熬煮5分鐘。

❻ 再放入小白菜碎，倒入太白粉攪勻，熬煮2分鐘，均勻淋入打好的蛋白，撒入適量鹽調味即可。

鹹甜口味隨意變換

蓮藕桂花魚蓉羹

⌛ 40 分鐘　難度 簡單

特色

首先聞到的是桂花香和蓮藕的清香，再品嘗到龍利魚的爽滑鮮美。若光看名字會覺得這道湯是甜的，想法不錯，把鹽換成糖就又是另一種風味。

主食材

龍利魚250克
蓮藕100克
乾桂花3克

副食材

太白粉（生粉）3克
檸檬半顆
薑2克
料理米酒1/2茶匙
現磨黑胡椒粉2克
鹽適量

烹煮訣竅

蓮藕去皮切塊後放入清水中浸泡，去除部分澱粉，煮出來的湯更清潤。

做法

❶ 龍利魚洗淨，用廚房紙巾吸乾水分，擠入檸檬汁，塗抹少許鹽，均勻磨入黑胡椒粉，醃製10分鐘。

❷ 醃好的龍利魚放入蒸鍋中，大火蒸7分鐘，蒸好後搗成魚蓉。

❸ 蓮藕去皮、洗淨，切成1公分的塊狀，浸泡在清水中。

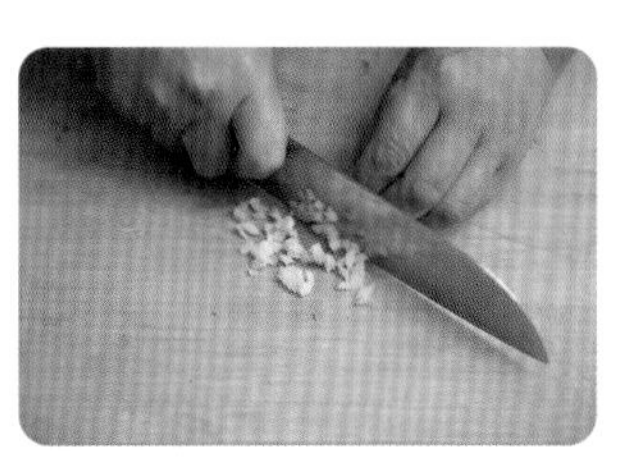

❹ 薑去皮、切末；太白粉加適量清水調成太白粉水。

❺ 砂鍋中放入蓮藕，加適量清水，大火煮滾後轉中小火熬煮10分鐘。

❻ 隨後均勻放入龍利魚蓉，放入薑末和乾桂花，倒入料理米酒，淋入太白粉水，中火熬煮3分鐘。

❼ 出鍋前加入適量鹽調味即可。

美味源於碰撞

巴沙魚檸檬羹

⌛ 55 分鐘　　簡單

特色

檸檬通常用來做為飲品或調味，現在大膽嘗試把檸檬升級為主食材，和巴沙魚碰撞在一起，加入牛奶、蜂蜜和堅果碎，令你喝出新奇的滋味。

主食材

巴沙魚200 克
檸檬2 顆

副食材

糯米25 克
牛奶200 毫升
混合堅果碎3 克
料理米酒2 湯匙
薑2 克
細砂糖30 克
胡椒粉 1/2 茶匙
蜂蜜2 湯匙
鹽適量

烹煮訣竅

1. 牛奶倒入鍋中後要轉小火，以防止焦鍋，減少湯的奶香味。
2. 打檸檬泥之前取出檸檬籽，口感更細膩，還可以減少苦澀的口感。

做法

❶ 糯米提前3 小時浸泡在清水中。

❷ 糯米瀝乾水分，放入砂鍋中，加入適量清水，大火煮滾後轉中小火熬煮35 分鐘。

❸ 巴沙魚洗淨，切成1 公分的塊狀，倒入料理米酒，加胡椒粉和適量鹽抓勻，醃製20 分鐘。

❹ 檸檬洗淨，刮去外皮，放入調理機中，打成細膩的檸檬泥；薑去皮、切末。

❺ 往煮糯米的砂鍋中倒入檸檬泥和細砂糖攪勻，繼續熬煮5 分鐘。

❻ 倒入牛奶，放入巴沙魚塊，加入薑末，轉小火熬煮3 分鐘，出鍋前撒少許鹽調味。

❼ 盛出巴沙魚檸檬羹，均勻淋入蜂蜜，撒入混合堅果碎即可。

香、滑、嫩、鮮

絲瓜鯇魚粥

75 分鐘　簡單

特色

鮮魚燉湯好喝，煮粥也很美味，選點新鮮魚肉醃製一下，切少許絲瓜片，放入濃稠香滑的白米粥中，既有高蛋白的魚肉，也有鮮嫩的絲瓜，光想就覺得滿心期待。

主食材

鮰魚肉100克
白米100克

副食材

絲瓜80克
料理米酒3湯匙
薑2克
香蔥1根
胡椒粉1/2茶匙
鹽適量

做法

❶ 鮰魚肉洗淨，片成厚約0.2公分的魚片，加胡椒粉和適量鹽拌勻，醃製20分鐘。

❷ 白米淘淨；絲瓜去皮、洗淨，斜刀切成薄片；薑去皮、切末；香蔥去根，洗淨、切碎。

❸ 白米放入砂鍋中，加入適量清水，大火煮滾後轉小火熬煮30分鐘。

❹ 將絲瓜片放入鍋中，繼續熬煮10分鐘。

❺ 再放入鮰魚片，倒入料理米酒，加薑末和香蔥碎攪勻，熬煮至鮰魚片變色。

❻ 關火前撒入適量鹽調味即可。

烹煮訣竅

1. 魚片要片得薄一些，不但容易熟，也容易入味。
2. 絲瓜切好片後放入淡鹽水中浸泡，防止與空氣接觸氧化變黑。

喚醒你的早餐粥

魚蓉豆腐粥

⏳ 50 分鐘　難度 簡單

特色

在鮮香的熟鯽魚上刮下魚蓉，細膩嫩滑，和軟嫩的豆腐一同放入白米粥中，喝到嘴裡不用過度咀嚼，一口香到胃裡，有這樣一碗粥，早上不需要鬧鐘也能立刻起床。

主食材

鯽魚1條
豆腐150克
白米100克

副食材

鮮香菇1個
薑3克
香蔥1根
胡椒粉1/2茶匙
料理米酒1/2湯匙
鹽適量

做法

❶ 鯽魚處理乾淨，魚身兩面各劃幾刀，塗抹適量鹽，醃製20分鐘。

❷ 白米淘淨；豆腐洗淨，搗碎，加少許鹽拌勻；薑去皮，一半切片，一半切末；香蔥去根，洗淨，切碎；香菇去根，洗淨，切片。

❸ 白米放入砂鍋中，加適量清水，大火煮滾後放入豆腐碎，轉中小火熬煮30分鐘。

❹ 在煮粥的過程中，把醃好的鯽魚放入冷水中，加入薑片，入鍋煮熟撈出。

❺ 把鯽魚的魚骨、魚刺全部挑出，搗成魚蓉，加胡椒粉、料理米酒、薑末拌勻。

❻ 先將香菇片放入砂鍋中，中小火煮10分鐘後放入魚蓉攪散，隨後撒入少許鹽和香蔥碎調味即可。

烹煮訣竅

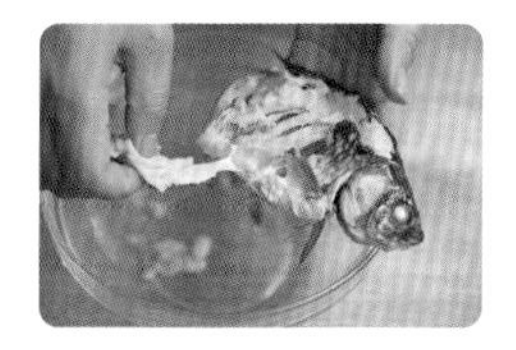

鯽魚取魚蓉時一定要把魚骨、魚刺挑得很乾淨，避免影響口感。鯽魚的小刺比較軟，喝粥時要注意一下是否有魚刺。

多了白米更香滑

番茄魚片粥

50分鐘　簡單

特色

常喝番茄魚片湯，換成香滑的粥也不錯，吃起來口感更加滑順，也更令人心滿意足！

主食材

黑魚肉（生魚肉）200克
番茄2顆
白米100克

副食材

薑2克
香蔥1根
料理米酒2湯匙
胡椒粉1/2茶匙
鹽適量

做法

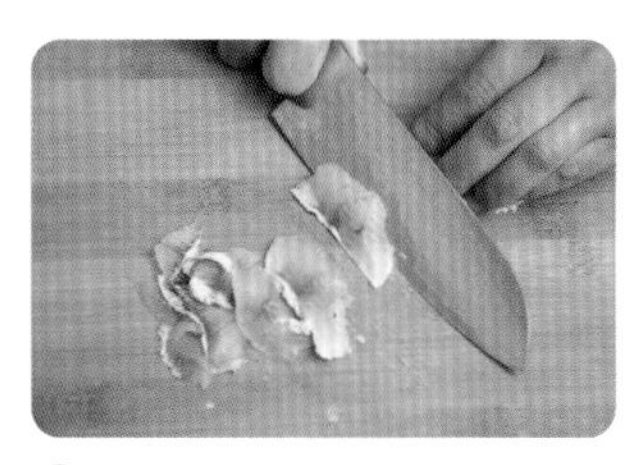

❶ 黑魚洗淨，片成厚約0.2公分的魚片，撒入胡椒粉和適量鹽拌勻，醃製20分鐘。

❷ 番茄底部劃十字，開水燙一下，撕掉外皮，切成小塊。

❸ 白米淘淨；薑去皮、切末；香蔥去根，洗淨、切碎。

❹ 砂鍋放入白米，加適量清水，大火煮滾，再加入番茄塊，轉中小火熬煮30分鐘。

❺ 隨後放入黑魚肉片，加入料理米酒和薑末，煮至魚片變色，加少許鹽調味。

❻ 關火前，撒入香蔥碎拌勻即可。

烹煮訣竅

可將番茄塊放入鍋中和白米一同煮，番茄的湯汁溶解在粥中，味道更濃郁，口感也更嫩滑。

美味又營養
白菜魚骨粥

⌛ 55 分鐘　　簡單

特色

將魚骨煎炒一下，加水熬湯當底，放入白米熬煮成粥，白米的清香和魚的鮮香融為一體，再加兩片清甜爽口的白菜葉，為這碗粥增添口感。

主食材

草魚（鯇魚）魚頭、魚尾、魚骨1副
白菜葉200克
白米100克

副食材

胡蘿蔔30克
薑2克
香蔥1根
料理米酒2湯匙
橄欖油2湯匙
胡椒粉1/2茶匙
鹽適量

做法

❶ 魚頭、魚尾、魚骨洗淨，加胡椒粉和適量鹽醃製20分鐘。

❷ 白米淘淨；白菜葉洗淨，撕成小塊；胡蘿蔔洗淨，去皮、切碎；薑去皮，切末；香蔥去根，洗淨、切碎。

❸ 鍋中倒入橄欖油，燒至五成熱時，放入薑末炒香。

❹ 放入醃好的魚頭、魚尾、魚骨，煎炒至兩面金黃，倒入料理米酒及適量清水，大火煮滾後轉中火熬煮20分鐘。

❺ 熬好的魚湯過濾一下魚頭、魚骨、魚刺，再倒回鍋中，加入白米和胡蘿蔔碎，中小火熬至軟爛。

❻ 再放入白菜葉，繼續熬煮5分鐘，關火前加入香蔥碎和少許鹽調味即可。

烹煮訣竅

過濾出來的魚湯用來煮粥，若水量不夠，可以加適量清水，避免糊鍋。

特色

日常多吃點五穀雜糧對身體有好處，雜糧中的膳食纖維比較多，腸胃不好的人可以用來煮粥，加些新鮮的魚片。魚肉的滑嫩不但能改善雜糧的口感，還能帶來多重滋味，好喝又營養。

增加膳食纖維
魚片雜糧粥

60 分鐘　簡單

主食材

草魚肉（鯇魚肉）200 克
混合雜糧米 100 克

副食材

薑 2 克
香蔥 1 根
胡椒粉 1/2 茶匙
料理米酒 2 湯匙
鹽適量

烹煮訣竅

提前浸泡雜糧米可以縮短煮粥的時間，更易軟爛入味。

做法

❶ 混合雜糧米淘淨，提前隔夜用清水浸泡。

❷ 草魚肉洗淨，切成小塊，加胡椒粉和適量鹽醃製 20 分鐘。

❸ 薑去皮、切末；香蔥去根，洗淨、切碎。

❹ 砂鍋中放入雜糧米，加入適量清水，大火煮滾，轉中小火熬至雜糧米軟爛。

❺ 再放入草魚塊，倒入料理米酒，加入薑末攪勻。

❻ 待魚肉變色後，撒入香蔥碎和少許鹽調味即可。

女性美容養顏佳品

皮蛋魚皮粥

55 分鐘　簡單

特色

原本就好吃的皮蛋粥再放入魚皮，簡直鮮美到想哭。加入油菜，去腥又解膩。魚皮中含有大量的膠原蛋白，這道粥絕對是女性美容養顏的佳品。

主食材

鯉魚皮100克
皮蛋1顆
白米100克

副食材

油菜1棵
薑2克
香蔥1根
料理米酒2湯匙
胡椒粉1/2茶匙
橄欖油2湯匙
鹽適量

烹煮訣竅

在炒鯉魚皮與皮蛋時，倒入適量料理米酒，可以去腥。

做法

❶ 鯉魚皮洗淨，切成小塊，加胡椒粉和適量鹽醃製20分鐘。

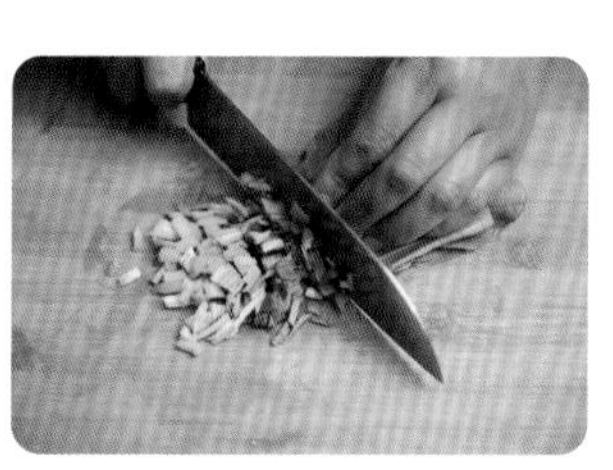

❷ 白米淘淨，放入砂鍋煮粥；油菜洗淨，切碎；皮蛋剝皮，切碎；薑去皮，切末；香蔥去根，洗淨，切碎。

❸ 砂鍋中倒入橄欖油，燒至五成熱時，放入薑末爆香。

❹ 放入鯉魚皮、皮蛋碎，炒至微黃，倒入料理米酒，再加入適量清水炒勻。

❺ 加入白米粥鍋中攪拌一下，大火煮滾後轉中小火熬煮30分鐘。

❻ 再放入油菜碎熬煮3分鐘，撒入香蔥碎和少許鹽調味即可。

鮮美的粵式粥

生滾魚片粥

⏳ 45 分鐘　　簡單

特色

白米先下鍋熬煮至好喝的口感，再放入鮭魚片滾熟，立刻釋放出鮮美的氣息。加入油菜，翠綠誘人，口感脆嫩，好吃極了。

主食材

鮭魚（三文魚）100克
白米100克

副食材

鮮香菇2個
油菜1棵
香菜1根
薑2克
料理米酒2湯匙
檸檬半顆
鹽適量

烹煮訣竅

煮好粥後，可以用湯勺先搗一搗裡面的鮭魚，使其變得碎一些，吃起來更方便。

做法

❶ 白米淘淨；鮮香菇洗淨，切片。

❷ 白米和香菇片放入砂鍋中，加適量清水，大火煮滾後轉中小火熬煮30分鐘。

❸ 鮭魚洗淨，用廚房紙巾吸乾水分，切成薄約0.2公分的片，擠入檸檬汁，加少許鹽醃製20分鐘。

❹ 油菜洗淨、切碎；香菜去根，洗淨，切末；薑去皮，切末。

❺ 將醃好的鮭魚放入砂鍋中，倒入料理米酒，加入油菜碎和薑末攪拌均勻，熬煮2分鐘。

❻ 出鍋前撒入香菜末調味即可。

看著漂亮，喝著滿足
五彩銀魚粥

⏳ 45 分鐘　　簡單

特色

五顏六色的蔬菜，嫩白淨透的小銀魚，令這碗粥顏值極高。喝一口粥，嘴裡瞬間充滿銀魚的嫩和蔬菜的香。

主食材

銀魚60 克
小米85 克

副食材

胡蘿蔔30 克
油菜1 根
鮮香菇1 個
熟玉米粒15 克
紫甘藍（紫椰菜）30 克
薑2 克
料理米酒2 湯匙
鹽適量

做法

❶ 小米淘淨，和熟玉米粒一同放入砂鍋中，加入適量清水，大火煮滾後轉中小火熬煮30分鐘。

❷ 銀魚洗淨，加入料理米酒和適量鹽抓勻，醃製20 分鐘。

❸ 胡蘿蔔洗淨，去皮，切碎；油菜、鮮香菇、紫甘藍洗淨，分別切碎；薑去皮，切末。

❹ 將銀魚、胡蘿蔔碎、香菇碎、薑末放入砂鍋中攪勻，熬煮5 分鐘。

❺ 再放入油菜碎、紫甘藍碎繼續熬煮2 分鐘，加適量鹽調味即可。

烹煮訣竅

銀魚味道很鮮，不要放過多的調味料，否則會蓋住銀魚的鮮味，降低粥的口感。

有魚的
主食

簡單易學

鮭魚蒸飯

⌛ 60分鐘　🍳 簡單

特色

米飯的吃法永遠不嫌多，可以炒飯、燜飯、煮粥、湯泡飯……在這道蒸飯中，先把米飯燜至八成熟，再將鮭魚打成泥，扣到米飯上再上鍋蒸，口感細膩香滑，令人忍不住想多吃一口。

主食材

鮭魚（三文魚）400 克
白米150 克

副食材

聖女番茄（車厘茄）3 顆
鮮香菇4 個
胡蘿蔔30 克
檸檬半個
現磨黑胡椒碎2 克
鹽適量

做法

❶ 白米淘淨，放在適合微波爐的容器中，加適量清水，放入微波爐，調蒸飯模式將米飯蒸至八成熟。

❷ 鮭魚洗淨，切小塊，磨入黑胡椒碎，撒入適量鹽，醃製15 分鐘。

❸ 醃好的鮭魚塊放入調理機中，擠入檸檬汁，打成細膩的泥。

❹ 聖女番茄洗淨，切成兩半；鮮香菇洗淨，切碎；胡蘿蔔去皮，洗淨，切碎。

❺ 香菇碎、胡蘿蔔碎一同放入鮭魚泥中，再撒入適量鹽，攪拌均勻。

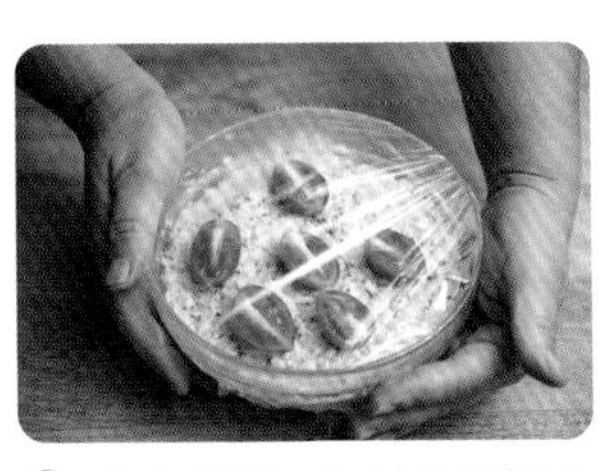

❻ 取出米飯，把鮭魚泥倒在米飯上刮平，點綴上聖女番茄，放回微波爐，中高火轉15 分鐘即可。

烹煮訣竅

加入香菇碎和胡蘿蔔碎，可以吸收部分鮭魚的油脂，吃起來不會膩，也可以換成自己喜歡的配菜。

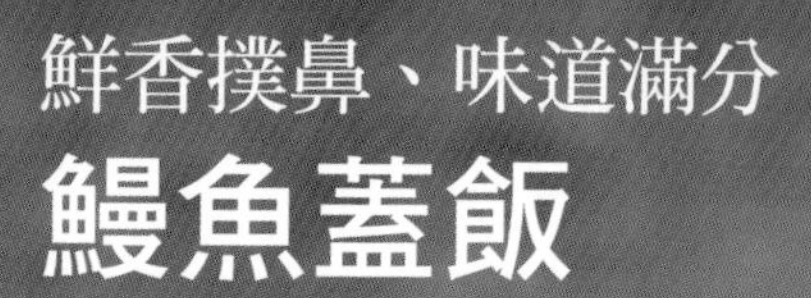

鮮香撲鼻、味道滿分

鰻魚蓋飯

15 分鐘　簡單

特色

想吃鰻魚飯，又希望做法快速簡單？別擔心，這個製作方法就能滿足你，味道絕對足以媲美日式料理店，鹹中帶甜，香而不膩，而且十幾分鐘就能上桌！

主食材

市售冷凍鰻魚600克
熟米飯200克

副食材

雞蛋1顆
海苔1片
熟白芝麻1克
甜醬油3湯匙
甜米酒3湯匙
蜂蜜3湯匙

做法

❶ 雞蛋打散成蛋液，倒在加熱好的不沾鍋中，攤成薄蛋皮，盛出切成細絲。

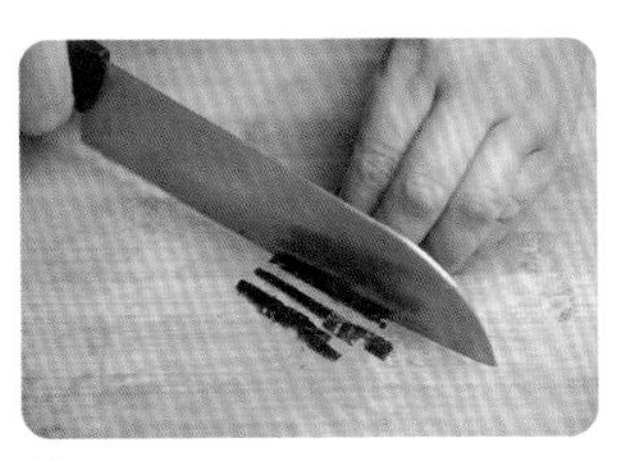

❷ 海苔切成細絲。

❸ 鰻魚撕掉外包裝袋，放在烤盤中，放入預熱好的烤箱中層，上下火200℃烤5分鐘，烤好後切成段。

❹ 熟米飯裝在大小適合的碗中，倒扣在盤上。

❺ 甜醬油、甜米酒、蜂蜜混合均勻，一同倒入鍋中，煮至沸騰，當作醬汁。

❻ 烤好的鰻魚段放在米飯旁，淋入醬汁，擺入海苔絲和蛋皮絲，撒入熟白芝麻即可。

烹煮訣竅

一般市售冷凍鰻魚都是半成品，烹飪起來非常方便，但一定要掌握好火候，避免糊鍋。

一日三餐吃不膩

番茄豇豆魚湯飯

50 分鐘　簡單

特色

熬煮的鱈魚湯清香鮮美，番茄軟爛酸甜，可緩解食慾不振。舀一口湯飯，有米有湯還有菜，搭配一起吃，香濃完美！

主食材

鱈魚300克
番茄1顆
豇豆（青豆角）60克
熟米飯120克

副食材

豆腐40克
薑2克
料理米酒2湯匙
胡椒粉1/2茶匙
橄欖油3湯匙
鹽適量

做法

❶ 鱈魚解凍後洗淨，切成2公分的塊狀，加胡椒粉和適量鹽醃製20分鐘。

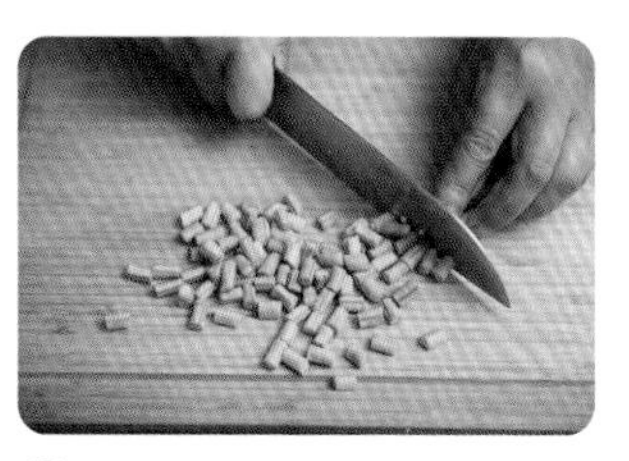

❷ 番茄底部劃十字，開水燙一下，去皮、切小塊；豇豆洗淨、切丁。

❸ 薑去皮、切末；豆腐洗淨，切成1公分的塊狀。

❹ 鍋中倒入橄欖油，燒至五成熱時放入薑末爆香，隨後放入豇豆丁，中火翻炒5分鐘，再放入番茄塊炒出較多的湯汁。

❺ 加入豆腐塊，倒入適量清水，放入熟米飯攪散，大火煮滾，轉中火熬煮。

❻ 煮至米粒綿軟時放入鱈魚塊，倒入料理米酒，繼續熬煮10分鐘，關火前加適量鹽調味即可。

烹煮訣竅

1. 炒豇豆時可以加少許鹽，顏色更青翠。
2. 這道湯泡飯，做出來的米飯口感偏軟，若喜歡口感硬一點，可以晚點加入熟米飯。

想怎麼吃就怎麼吃

銀魚香蔥湯泡飯

40 分鐘　簡單

特色

鮮美的銀魚過油翻炒，加水大火煮滾，湯就有了，再把熟米飯倒入鍋中攪散，即為湯泡飯。如果這個吃膩了，用相同的方法做其他的泡飯也很簡單。

主食材

銀魚30 克
香蔥40 克
熟米飯120 克

副食材

薑2 克
胡椒粉1/2 茶匙
料理米酒2 湯匙
橄欖油2 湯匙
鹽適量

做法

❶ 銀魚洗淨，加胡椒粉、料理米酒和適量鹽拌勻，醃製20 分鐘。

❷ 香蔥洗淨，去根，切碎；薑去皮、切末。

❸ 鍋中倒入橄欖油，燒至五成熱，放薑末爆香，再加入銀魚中火翻炒2 分鐘。

❹ 再倒入適量清水，加入熟米飯攪散，大火煮滾。

❺ 煮至米粒綿軟，放入香蔥碎攪勻，再煮2 分鐘，加適量鹽調味即可。

烹煮訣竅

銀魚肉質鮮嫩，個頭小巧易熟，翻炒時間不要太久，否則肉質會發硬，影響口感。

吃一口無法自拔
鹹蛋黃鯪魚炒飯

⏳ 20 分鐘　簡單

特色

有鯪魚罐頭時能多吃好幾碗米飯。把鯪魚撕碎、鹹蛋黃搗碎，和熟米飯一起炒，鯪魚酥香下飯，鹹蛋噴香，一口氣能吃三碗炒飯。

主食材

豆豉鯪魚罐頭 130 克
生鹹鴨蛋黃 2 顆
熟米飯 150 克

副食材

醬油 2 湯匙
料理米酒 2 湯匙
香蔥 1 根
橄欖油 2 湯匙
熟玉米粒 20 克
熟青豆 20 克

烹煮訣竅

1.豆豉鯪魚罐頭中的油汁要瀝乾，否則炒出來的米飯太油膩。
2.豆豉鯪魚罐頭、鹹蛋黃和醬油都有鹹味，無須再加鹽。

做法

❶ 生鹹鴨蛋黃放入小碗中，倒入料理米酒，放在蒸鍋上蒸熟，搗碎。

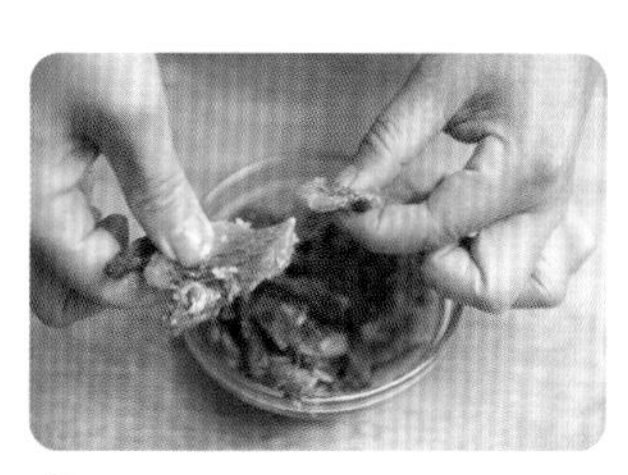

❷ 豆豉鯪魚罐頭撕碎；香蔥去根、洗淨、切碎。

❸ 炒鍋中倒入橄欖油，燒至五成熟時放入香蔥碎爆香，放入熟玉米粒和熟青豆，中火翻炒 2 分鐘。

❹ 倒入熟米飯炒散，加入鹹蛋黃碎和豆豉鯪魚碎，淋入醬油炒勻即可。

好吃又快速

魚肉時蔬炒飯

35 分鐘　簡單

特色

魚肉炒至鮮香入味，撒一把家常時蔬，放入熟米飯，只需幾種簡單的調味料就能出鍋。魚肉香滑細嫩，米飯粒粒分明，美好的早上來一碗，渾身充滿能量。

主食材

草魚肉（鯇魚肉）200 克
熟米飯150 克

副食材

胡蘿蔔半根
小黃瓜（小青瓜）半根
油菜1 根
鮮香菇2 個
紫甘藍（紫椰菜）50 克
胡椒粉 1/2 茶匙
料理米酒2 湯匙
香蔥1 根
薑2 克
醬油2 湯匙
橄欖油3 湯匙
鹽適量

烹煮訣竅

時蔬在炒的過程中會出水，要選用稍微乾的熟米飯，否則炒飯會變得很黏稠。

做法

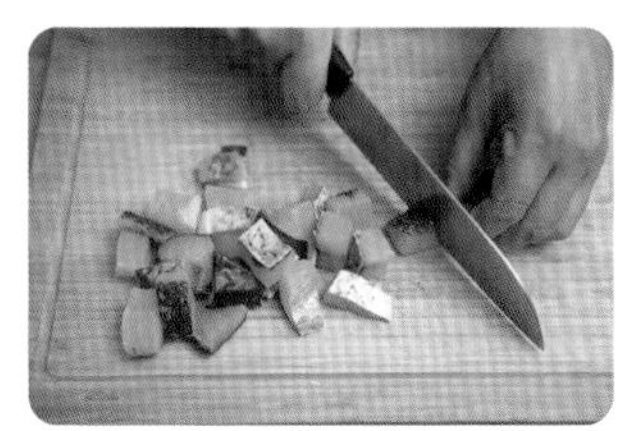

❶ 草魚肉洗淨，切成1 公分的塊狀，加胡椒粉和適量鹽抓勻，醃製20 分鐘。

❷ 胡蘿蔔去皮，洗淨，切丁；小黃瓜洗淨，切丁；油菜、鮮香菇、紫甘藍洗淨，切碎。

❸ 薑去皮、切末；香蔥去根、洗淨、切碎。

❹ 橄欖油倒入炒鍋中，燒至五成熱時，放入薑末和香蔥碎炒香，隨後放入草魚肉丁，倒入料理米酒，中火炒至變色。

❺ 再依序放入胡蘿蔔丁、黃瓜丁、香菇碎、紫甘藍碎，倒入醬油，中火翻炒3 分鐘。

❻ 放入熟米飯，加適量鹽，炒散炒勻，放入油菜碎，待油菜碎炒軟後關火即可。

親手做的才過癮

時蔬白帶魚燜飯

45分鐘　簡單

特色

選用肉厚刺少的白帶魚和不同種類的時蔬，輕鬆做出鮮香四溢、清香爽口的燜飯。

主食材

白帶魚6段
白米150克

副食材

胡蘿蔔半根
白玉菇40克
紫甘藍（紫椰菜）30克
紫洋蔥40克
料理米酒2湯匙
醬油4湯匙
蠔油2湯匙
白糖1/2茶匙
胡椒粉1/2茶匙
薑2克
香蔥1根
橄欖油3湯匙
鹽適量

烹煮訣竅

將白帶魚提前煎至五成熟，使其表皮鮮香，部分入味，燜煮時更容易熟透，味道更鮮美。

做法

❶ 薑去皮，切成厚約0.2公分的片；香蔥去根，洗淨切碎。

❷ 白帶魚處理乾淨，加料理米酒、薑片、胡椒粉、適量鹽及2湯匙醬油拌勻，醃製20分鐘。

❸ 白米淘淨，放在電子鍋中，加入適量清水，開啟燜飯模式，燜至八成熟。

❹ 平底鍋中倒入橄欖油，燒至五成熱時，放入醃好的白帶魚段煎至五成熟。

❺ 胡蘿蔔去皮，洗淨、切絲；紫甘藍、紫洋蔥分別洗淨、切絲；白玉菇洗淨，放入開水中燙熟。

❻ 將蠔油、白糖、香蔥碎及剩餘醬油混合均勻調成醬汁。

❼ 將煎好的白帶魚段、胡蘿蔔絲、紫甘藍絲、紫洋蔥絲、白玉菇依序擺入電子鍋內。

❽ 均勻淋入醬汁，燜至米飯熟透即可。

絕妙新滋味
鮭魚泥蛋餅

⌛ 60 分鐘　簡單

特色

將魚肉蒸熟搗碎，再和多種食材混合拌勻，扔進烤箱，烤到飄出淡淡奶香，吃起來魚嫩味鮮，還有一絲香甜味。

主食材

鮭魚（三文魚）150 克

副食材

麵粉 70 克
牛奶 80 毫升
淡奶油（淡忌廉）35 克
雞蛋 2 顆
聖女番茄（車厘茄）5 顆
秋葵 2 根
蘑菇 2 個
胡蘿蔔 30 克
莫札瑞拉起司絲（mozzarella 芝士絲）50 克
黑胡椒粉 3 克
檸檬半顆
橄欖油 3 湯匙
鹽適量

做法

❶ 鮭魚洗淨，擠入檸檬汁，加1克黑胡椒粉和適量鹽醃製20分鐘，放入蒸鍋中大火蒸5分鐘，搗碎。

❷ 聖女番茄洗淨，切成兩半；秋葵洗淨，去蒂、切圈。

❸ 胡蘿蔔去皮、洗淨，蘑菇洗淨，分別切碎。

❹ 將除聖女番茄、秋葵以外的食材，加適量鹽和清水攪拌均勻，隨後倒在9吋的模具中刮平。

❺ 再隨意擺入聖女番茄和秋葵圈，放入預熱好的烤箱中層，上下火200℃ 烤20分鐘即可。

烹煮訣竅

混合麵糊倒入模具之前，在模具內壁先刷一層橄欖油，可以防沾黏，也容易脫模。

特色

銀魚鮮美，各種吃法都耐人尋味，且做法超級簡單。早上起床抓一把銀魚，切兩株青菜，撒點麵粉，攪拌均勻，入鍋一攤，美好的早餐即完成。

主食材

銀魚80 克
青菜40 克

副食材

雞蛋2 顆
麵粉120 克
香蔥2 根
胡椒粉1/2 茶匙
橄欖油60 毫升
醬油2 湯匙
料理米酒1/2 茶匙
鹽適量

香酥可口

銀魚青菜餅

30 分鐘　簡單

做法

❶ 青菜洗淨，切碎；香蔥去根、洗淨、切碎。

❷ 雞蛋加入麵粉中，加入適量清水，調成細膩的麵糊。

❸ 向麵糊中加入銀魚、青菜碎、香蔥碎、胡椒粉，倒入醬油、料理米酒，撒入適量鹽，攪拌均勻。

❹ 平底鍋中倒入適量橄欖油，燒至五成熱時，倒一勺麵糊，攤成厚約0.5 公分的餅。

❺ 待表層凝固後翻另一面，煎至金黃即可。

烹煮訣竅

青菜碎加鹽後會出一部分水，所以在調麵糊時不要放太多水。

口水快流下來了

番茄魚肉餡餅

60 分鐘　中等

特色

鮮香的魚肉餡放入番茄塊，連湯帶汁一同包入麵皮中，烙至兩面金黃，一口咬下滿滿湯汁，香爆了。

主食材

草魚肉（鯇魚肉）400 克
番茄 4 顆
麵粉 250 克

副食材

雞蛋 1 顆
薑 2 克
香蔥 30 克
胡椒粉 1/2 茶匙
蠔油 2 湯匙
料理米酒 2 湯匙
橄欖油 60 毫升
鹽適量

烹煮訣竅

番茄容易出湯汁，攪拌好的餡料要及時包入麵皮中，儘快烹煮，或拌餡時多放點太白粉，也可以緩解餡料出水的現象。

做法

❶ 雞蛋加入麵粉中，加適量清水和成光滑的麵糰，包上保鮮膜，醒麵 30 分鐘。

❷ 草魚肉洗淨，切成小塊，加少許鹽，倒入料理米酒，醃製 20 分鐘，放入調理機中打成細膩的泥。

❸ 番茄底部劃十字，開水燙一下，去皮，切成碎塊；香蔥去根，洗淨，切碎；薑去皮，切末。

❹ 魚泥中加入番茄塊、香蔥碎、薑末、胡椒粉、蠔油、適量鹽，攪拌至黏稠，即完成餡料。

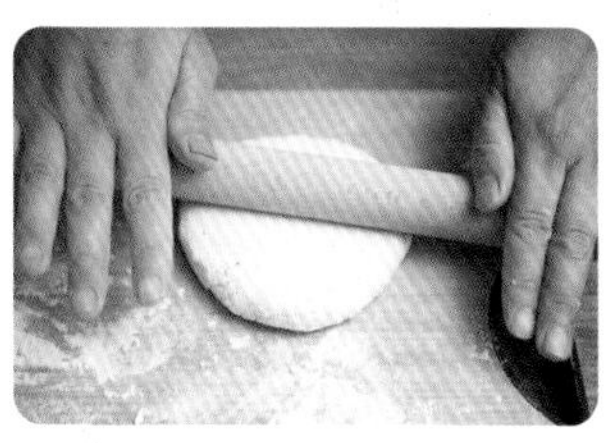

❺ 麵糰撕掉保鮮膜，分成多個等分的麵糰，擀成適量大小的麵皮。

❻ 取適量餡料放入麵皮中，先將四周邊緣收起，再擀成餡餅。

❼ 平底鍋中倒入適量橄欖油晃勻，燒至五成熱時放入餡餅，中小火煎至兩面金黃熟透即可。

金黃香嫩
豆腐龍利魚餅

45 分鐘

特色

只需要簡單幾步就能做出金黃香嫩的魚餅。如果擔心吃起來膩，可以加入少量的蔬菜，還多了一分爽脆的口感。

主食材

龍利魚300 克
豆腐250 克

副食材

雞蛋1 顆
麵粉 50 克
胡蘿蔔半根
小白菜30 克
胡椒粉 1/2 茶匙
蠔油2 湯匙
橄欖油30 毫升
薑2 克
鹽適量

做法

❶ 豆腐洗淨，龍利魚解凍、洗淨，分別放入蒸鍋中蒸熟並搗碎。

❷ 將胡蘿蔔洗淨，去皮，小白菜洗淨，切碎。

❸ 將龍利魚碎、豆腐切碎；小白菜洗淨，碎、胡蘿蔔碎、小白菜碎與麵粉混合，加入雞蛋、胡椒粉、蠔油、薑及適量鹽，再倒入適量清水，攪拌成豆腐魚糊。

❹ 取適量豆腐魚糊按壓成小圓餅。

❺ 平底鍋中倒入適量橄欖油，放入小圓餅，小火煎至兩面金黃熟透即可。

烹煮訣竅

1.將豆腐提前蒸熟，可以去除豆腐中的一些特殊味道，增加清香味。
2.龍利魚提前蒸熟方便搗碎，吃起來口感更細膩。

特色

這款餅類似於肉夾饃，但使用的是方便快速的豆豉鯪魚罐頭，剁點青椒香菜在裡面，緩解油膩的口感。夾鯪魚的荷葉餅香甜柔軟，外觀精緻，口感鮮香，瞬間秒殺一切主食。

主食材

豆豉鯪魚罐頭1 盒
麵粉200 克

副食材

雞蛋1 顆
酵母粉1 茶匙
香菜（芫茜）10 克
青椒半顆
橄欖油1 湯匙
蜂蜜適量

外軟裡香

豆豉鯪魚荷葉餅

⌛ 120 分鐘　中等

烹煮訣竅

1.荷葉餅的紋路要壓得深一些，蒸出來才更明顯，外形更美觀。
2.蒸好的荷葉餅不要立刻掀開鍋蓋，要等2分鐘定形。

做法

❶ 酵母粉加入溫水溶解，倒入麵粉中，加入雞蛋，再加蜂蜜和適量清水，和成光滑的麵糰，包上保鮮膜，發酵至兩倍大。

❷ 發酵好的麵糰撕掉保鮮膜，分成等分的麵糰，擀成牛舌餅的形狀。

❸ 在牛舌狀的麵餅上塗一層橄欖油後對折，用叉子壓出荷葉紋路，再用手捏出荷葉柄。

❹ 荷葉餅蓋好蒸籠布，靜置20 分鐘，隨後放入蒸鍋中大火蒸20 分鐘至熟，取出後放在盤中待用。

❺ 香菜去根，洗淨，切碎；青椒洗淨，切碎。

❻ 豆豉鯪魚罐頭切成小丁，混合香菜末和青椒碎拌勻成餡料。

❼ 取一個荷葉餅，從中間掰開，填入適量的餡料即可。

妙不可言

舌鰨魚灌湯包

100 分鐘　中等

特色

此款灌湯包縮減豬肉的用量，多放一些舌鰨魚肉和肉皮凍，一口咬下湯汁鮮濃，鹹香可口。

主食材

舌鰨魚（鰨沙）350 克
麵粉 150 克

副食材

澄粉 80 克
雞蛋 1 顆
香蔥 60 克
豬肉末 80 克
肉皮凍 400 克
薑 2 克
五香粉 1/2 茶匙
醬油 2 湯匙
料理米酒 4 湯匙
太白粉（生粉）5 克
香油 1/2 茶匙
橄欖油 20 克
鹽適量

烹煮訣竅

1. 擀出來的麵皮越薄，透感越好。
2. 根據個人習慣，灌湯包的大小不等，蒸的時間長短也不同。
3. 灌湯包的口要收緊，否則湯汁容易流出來。

做法

❶ 雞蛋加入麵粉中，加澄粉分次倒入適量溫水，和成光滑的麵糰，包上保鮮膜，醒麵 50 分鐘。

❷ 舌鰨魚洗淨，切成小塊，放入調理機中，加 2 湯匙料理米酒，打成細膩的魚泥。

❸ 香蔥去根、洗淨、切碎；薑去皮、切末；肉皮凍切成碎塊。

❹ 魚泥、豬肉末混合，加入肉皮凍碎、香蔥碎、薑末、太白粉、五香粉、適量鹽，倒入醬油、剩餘料理米酒、香油、橄欖油，順時針攪拌至黏稠成餡料。

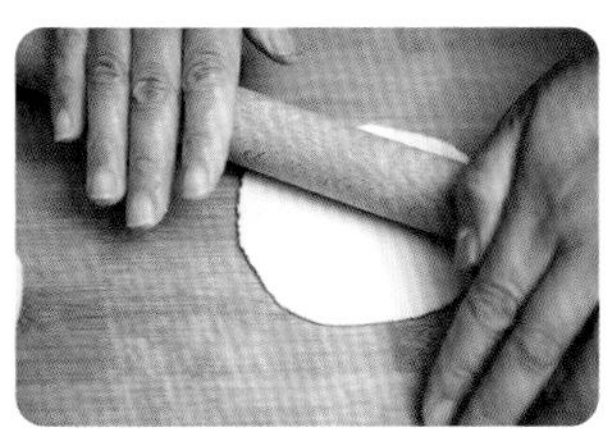

❺ 麵糰撕掉保鮮膜，分成等分的麵糰，擀成中間厚四周薄的麵皮。

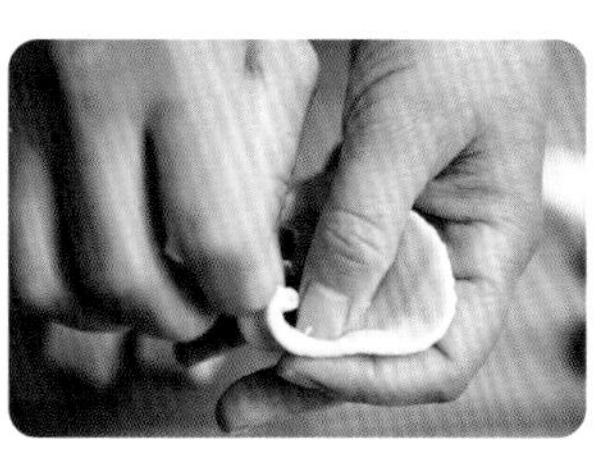

❻ 取適量餡料放入麵皮中，收緊口，成灌湯包。

❼ 蒸鍋中加適量水燒開，把灌湯包放入蒸籠上，大火蒸 10 分鐘即可。

入口鮮香，口口都滿足

多寶魚韭黃包

120 分鐘　中等

特色

多寶魚肉質豐厚鮮嫩，韭黃辛香增進食慾，蝦仁鮮嫩彈滑，幾種好吃的食材搭配在一起做成餡，包入麵皮中，蒸出來香氣撲鼻。

主食材

多寶魚2 條
韭黃100 克
麵粉250 克

副食材

雞蛋1 顆
蝦仁100 克
薑2 克
料理米酒2 湯匙
醬油2 湯匙
五香粉1/2 湯匙
香油1/2 茶匙
橄欖油20 克
太白粉（生粉）5 克
酵母粉5 克
鹽適量

烹煮訣竅

要用37℃～40℃ 的溫水溶解酵母粉，水溫太高或太低都不利於酵母粉活化。

做法

❶ 酵母粉加溫水溶解，倒入麵粉中，再分次加適量清水和成光滑的麵糰，裹上保鮮膜，發酵至兩倍大。

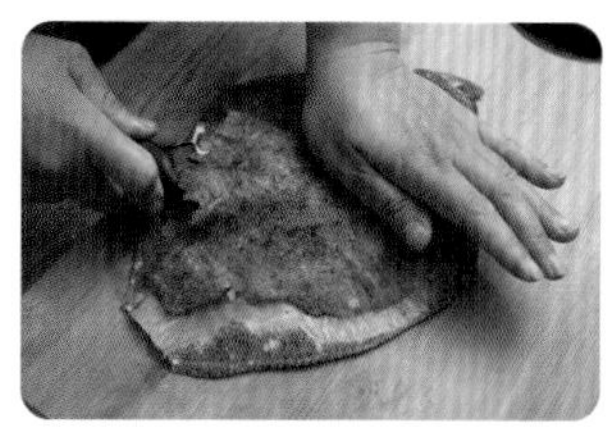

❷ 多寶魚洗淨，沿著魚骨片下兩面魚肉，放入調理機中打成細膩的魚泥。

❸ 韭黃洗淨、切碎；薑去皮、切末；蝦仁洗淨、切碎。

❹ 魚泥中加入雞蛋，加入韭黃碎、薑末、蝦仁碎、倒入料理米酒、醬油、五香粉、香油、橄欖油、太白粉、適量鹽，攪拌至黏稠，即完成餡料。

❺ 麵糰撕掉保鮮膜，分成等分的麵糰，擀成中間厚四周薄的麵皮

❻ 取適量餡料放入麵皮中，收緊邊口，做成多寶魚韭黃包。

❼ 蒸鍋中加適量水燒開，把多寶魚韭黃包放入蒸籠上，大火蒸10 分鐘即可。

出類拔萃的鮮美

鮪魚泡菜餛飩

⌛ 40 分鐘　　🍳 簡單

特色

吃餛飩相當方便，少油煙、少洗鍋，但也要講究餡料。鮪魚打成泥和泡菜拌在一起，鮮美濃郁，酸辣爽脆，與眾不同的風味更加耐人尋味。

主食材

鮪魚（吞拿魚）400克
泡菜250克
餛飩皮250克

副食材

乾蝦米5克
紫菜2克
雞蛋2顆
薑2克
香蔥10克
料理米酒2湯匙
太白粉（生粉）5克
香油1/2茶匙
五香粉1/2茶匙
鹽適量
食用油1湯匙

烹煮訣竅

泡菜汁是很好的調味料，擠出來的汁可以加入餛飩湯中調味，味道更鮮香。

做法

❶ 鮪魚洗淨，放入調理機中打成細膩的魚泥。

❷ 泡菜切碎，擠乾湯汁；薑去皮、切末；香蔥去根、洗淨、切碎；紫菜捏碎；乾蝦米洗淨。

❸ 魚泥中打入1顆雞蛋，加入泡菜碎、薑末、香蔥碎、太白粉、五香粉、適量鹽，倒入料理米酒、香油，攪拌至黏稠，即完成餡料。

❹ 取適量餡料包入餛飩皮中，包出自己喜歡的餛飩形狀。

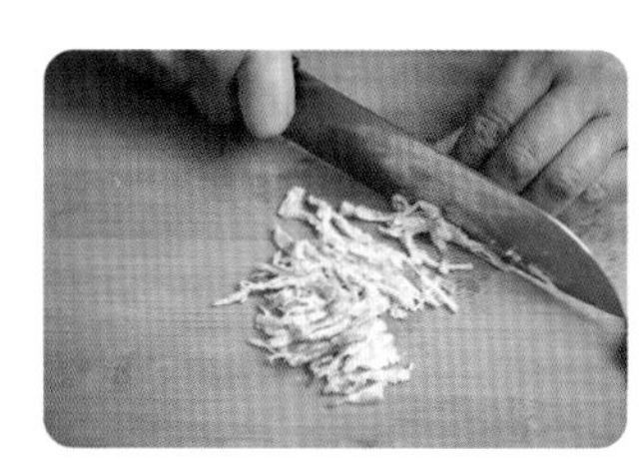

❺ 雞蛋加入碗中打散。平底鍋放油燒熱，倒入蛋液晃勻攤成蛋餅，再切成細絲備用。

❻ 鍋中燒開水，放入餛飩，大火煮8分鐘；準備好一個大碗，放入紫菜碎、乾蝦米。

❼ 煮好的餛飩盛入碗中，撒入雞蛋絲和香蔥碎調味即可。

一上桌就秒殺

黃花魚豬肉水餃

40 分鐘　簡單

特色

海裡游和地上跑的同時出現在餡料中，兩者的鮮香相輔相成，冬日裡來盤海陸水餃，不一會兒就全吃光光。

主食材

黃花魚1條
豬肉末150克
餃子皮250克
白菜250克

副食材

香蔥10克
薑2克
太白粉（生粉）5克
醬油2湯匙
料理米酒2湯匙
五香粉1/2茶匙
香油1/2茶匙
橄欖油20克
鹽適量

做法

❶ 黃花魚清洗乾淨，沿著魚骨片出魚身兩側的魚肉，放入調理機中打成細膩的魚泥。

❷ 白菜洗淨、切碎，擠乾水分；香蔥去根、洗淨、切碎；薑去皮、切末。

❸ 魚泥與豬肉末混合，放入白菜碎、薑末、香蔥碎、五香粉、太白粉，倒入醬油、料理米酒、香油、橄欖油、適量鹽，順時針攪拌至黏稠，即完成餡料。

❹ 取適量餡料放在餃子皮中，包成餃子。

❺ 鍋中加入適量清水，大火煮滾後放入餃子，煮熟即可。

烹煮訣竅

1. 黃花魚肉要放入高速調理機中攪打，把殘留的魚骨打得很碎，口感更細膩。
2. 白菜碎要擠乾水分，避免餡料出太多湯汁，影響水餃外觀，還可以避免煮水餃時餡料散碎。

輕鬆在家做人氣壽司

鮪魚手卷壽司

40 分鐘　中等

特色

以前感覺壽司很難做，其實只需幾種簡單的食材，就能輕鬆在家做出媲美日本料理店的人氣壽司。鮪魚柔韌鮮美，壽司米軟糯清香，自己在家做，想吃多少都可以。

主食材

壽司米120 克

鮪魚（吞拿魚）100 克

副食材

壽司醋2 湯匙

白糖1 茶匙

鹽1/2 茶匙

沙拉醬1 湯匙

海苔條少許

烹煮訣竅

1.手捏飯糰時不要太用力，避免米飯顆粒變形，影響外觀。

2.鮪魚每片的大小和飯糰的長度要差不多，即使長也不要長太多，吃起來方便，做出來的壽司也美觀。

做法

❶ 壽司米洗淨，按照水和米約1：1 的比例，加清水浸泡10 分鐘，放入電子鍋內煮熟成米飯。

❷ 壽司醋、白糖、鹽混合攪拌融化，倒入米飯中拌勻調味。

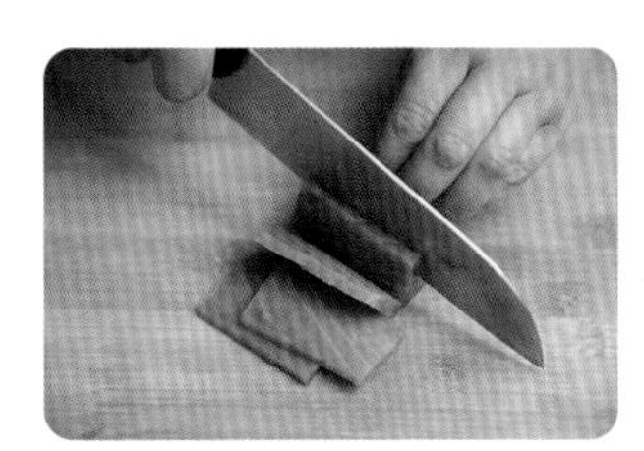

❸ 鮪魚洗淨，廚房紙巾吸乾水分，切片。

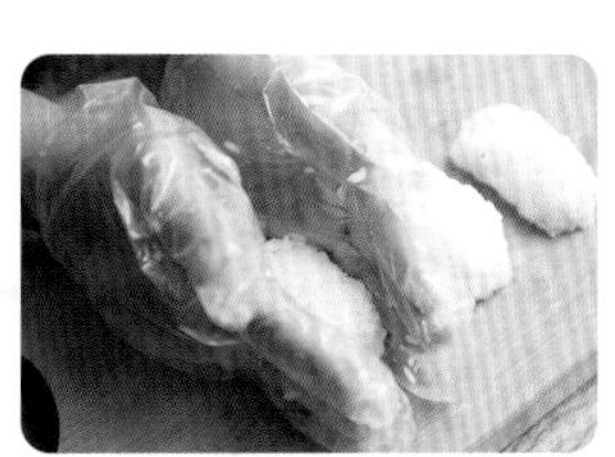

❹ 戴上一次性手套，取適量米飯在手中捏成方形的飯糰。

❺ 在飯糰上鋪一片鮪魚，裝飾上海苔條。

❻ 均勻擠上沙拉醬調味即可

香到吃不夠

杏仁鰻魚烤披薩

120 分鐘　中等

特色

杏仁酥香清甜，鰻魚油潤鮮香，兩種香氣迷人的食物撒在偌大的餅皮上，蓋上厚厚的起司碎，烤出來的披薩濃香加倍，令人停不了口地一塊接一塊。

主食材

麵粉200克
鰻魚200克
杏仁片5克

副食材

酵母粉1/2茶匙
紫洋蔥30克
番茄醬20克
莫札瑞拉起司碎（mozzarella芝士碎）100克
甜醬油3湯匙
甜米酒3湯匙
蜂蜜3湯匙
橄欖油少許
鹽適量

做法

❶ 鰻魚洗淨，用熱水浸泡去掉黏液，切成小塊，加甜醬油、甜米酒、蜂蜜拌勻，冷藏醃製1小時。

❷ 酵母粉加適量溫水活化溶解，倒入麵粉中，加少許鹽，再分次加適量溫水和成光滑的麵糰，包上保鮮膜，發酵至2倍大。

❸ 紫洋蔥洗淨、切碎。

❹ 取一個9吋烤盤，刷一層橄欖油，再將麵糰撕掉保鮮膜，擀成烤盤大小、邊緣厚中間薄的餅皮。

❺ 在餅皮上刷一層橄欖油，塗抹上番茄醬，均勻擺入鰻魚塊，隨意撒入紫洋蔥碎、杏仁片。

❻ 再將莫札瑞拉起司碎厚厚地撒在上面，放入預熱好的烤箱中層，上下火200℃烘烤25分鐘即可。

烹煮訣竅

麵糰一定要發酵到位，吃起來口感更香軟，韌勁十足，也有足夠的力量承載食材。

翻做速食店的經典

鱈魚漢堡

60 分鐘　簡單

特色

鱈魚排外脆裡嫩，夾在兩片漢堡麵包中間，再放上蔬菜和調味醬，一口咬下去，酥香美味兼具，若早餐食用，搭配一杯牛奶就更完美了。

主食材

漢堡麵包4個
鱈魚400克

副食材

雞蛋1顆
生菜葉2片
起司片（芝士片）2片
酸黃瓜8片
麵包糠100克
胡椒粉1/2茶匙
蛋黃醬2湯匙
黃芥末醬2湯匙
橄欖油60毫升
鹽適量

做法

❶ 鱈魚去掉魚骨、魚皮，分成均等的2塊鱈魚排，洗淨後用廚房紙巾吸乾水分，塗抹上胡椒粉和適量鹽，醃製30分鐘。

❷ 生菜葉洗淨，瀝乾水分；雞蛋打散成蛋液。

❸ 醃好的鱈魚排雙面沾取蛋液，再裹滿麵包糠。

❹ 橄欖油倒入鍋中，燒至五成熱時，放入鱈魚排煎至兩面金黃，撈出瀝乾油分。

❺ 漢堡麵包放入微波爐中高火力加熱1分鐘。

❻ 取下層2個漢堡麵包，由下至上依序擺放生菜葉1片、鱈魚排1塊、起司片1片、酸黃瓜4片。

❼ 再分別均勻淋入蛋黃醬和黃芥末醬，蓋好上層漢堡麵包即可。

烹煮訣竅

1.漢堡麵包放入微波爐加熱時噴灑少許清水，可避免麵包水分蒸發，口感太乾。
2.鱈魚排易熟，炸至兩面金黃時即可出鍋。

做出自己的東南亞味道

叻沙鱈魚米線

⏳ 45 分鐘　難易度：簡單

特色

從東南亞旅行回來，就念著叻沙的味道，無奈外面的餐館吃不出正宗的感覺。方法在這裡，不妨舉一反三，做出你心裡的味道。

主食材

乾米線100克
鱈魚350克
叻沙醬50克

副食材

椰漿100毫升
黃豆芽80克
鵪鶉蛋4顆
蝦仁6個
香蔥2根
豆腐乾40克
橄欖油3湯匙
胡椒粉1/2茶匙
鹽適量

烹煮訣竅

1.米線煮熟即可，不要煮太久，否則會失去彈性，影響口感。
2.根據個人喜好，也可以將鱈魚替換成其他魚類，或加入自己喜歡的副食材。

做法

❶ 乾米線提前3小時浸泡在清水中。

❷ 鱈魚洗淨，用廚房紙巾吸乾水分，切成小塊，加入胡椒粉和適量鹽拌勻，醃製20分鐘。

❸ 鵪鶉蛋洗淨，煮熟，去殼；黃豆芽洗淨；蝦仁去腸泥，洗淨；香蔥去根，洗淨，切碎；豆腐乾切片。

❹ 鍋中倒入橄欖油，燒至五成熱時放入叻沙醬炒香，隨後放入黃豆芽、蝦仁、豆腐乾，中火翻炒3分鐘。

❺ 鍋中倒入適量清水，大火煮滾後倒入椰漿攪勻，加少許鹽，放入鱈魚塊熬煮2分鐘，放入鵪鶉蛋，做成叻沙鱈魚湯。

❻ 另起鍋加適量清水，煮滾，放入米線煮熟，撈出過溫水，瀝乾後放在大碗中。

❼ 將叻沙鱈魚湯淋在米線上，撒入香蔥碎調味即可。

魚香四溢

番茄黃花魚烏龍麵

⌛ 55 分鐘　　簡單

特色

經過醃製的黃花魚加入番茄和雪菜翻炒，熬煮出濃濃的湯，倒在柔軟彈滑的烏龍麵上，酸香開胃，魚香四溢，天天吃都不膩。

主食材

黃花魚1條
番茄1顆
烏龍麵（烏冬麵）150克

副食材

雪菜30克
薑2克
香蔥1根
醬油2湯匙
料理米酒2湯匙
胡椒粉1/2茶匙
橄欖油2克
鹽適量

烹煮訣竅

黃花魚塊沒有去魚骨，吃時要注意，若要吃起來方便，可以提前把魚骨去掉。

做法

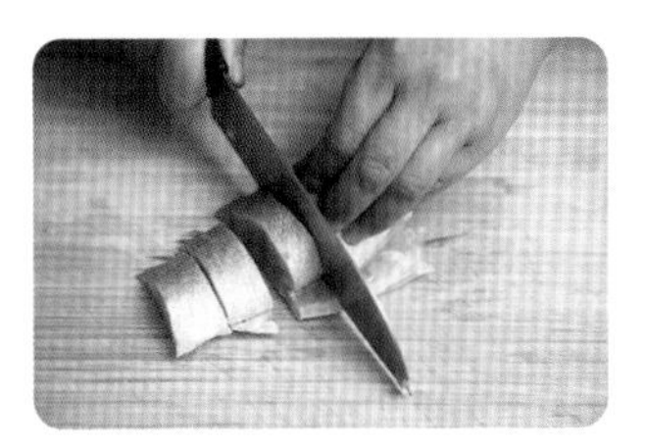

❶ 黃花魚去頭、去尾，清理乾淨，切成小塊，加醬油、料理米酒、胡椒粉、適量鹽拌勻，醃製20分鐘。

❷ 番茄底部劃十字，開水燙一下，去皮，切成小塊。

❸ 薑去皮、切末；香蔥去根、洗淨、切碎；雪菜沖洗一下，切碎。

❹ 橄欖油倒入鍋中，燒至五成熱時，放薑末爆香，再放入黃花魚塊煎至兩面金黃，倒入適量清水，大火煮滾。

❺ 放入番茄塊、雪菜碎，中火熬煮20分鐘，成番茄黃花魚湯。

❻ 熬番茄黃花魚湯時，另起鍋，加適量清水燒開，煮烏龍麵，煮熟後撈出，盛入碗中。

❼ 將番茄黃花魚湯淋在烏龍麵上，撒入香蔥碎調味即可。

無意中成就的美食

龍利魚香芹義大利麵

⌛ 35 分鐘　簡單

特色

印象中的義大利麵都是肉類的，無意間換了食材，加了久煮也不影響爽脆口感的香芹，看起來充滿食慾，吃起來十分驚喜。

主食材

龍利魚 200 克
香芹 80 克
義大利麵 150 克

副食材

洋蔥 30 克
義大利麵醬 50 克
番茄 1 顆
番茄醬 1 湯匙
白砂糖 1 茶匙
黑胡椒粉 1/2 茶匙
太白粉（生粉）1/2 茶匙
料理米酒 2 湯匙
橄欖油 3 湯匙
鹽適量

做法

❶ 龍利魚解凍，用廚房紙巾吸乾水分，切成 3 公分的塊狀，加黑胡椒粉、太白粉、料理米酒、適量鹽抓勻，醃製 20 分鐘。

❷ 香芹莖葉分離，分別切碎；番茄底部劃十字，開水燙一下去皮，切成小塊；洋蔥去皮、切碎。

❸ 鍋中倒入適量橄欖油，燒至五成熱時放入洋蔥碎爆香，再放入番茄塊、香芹碎，中火翻炒 3 分鐘。

❹ 放入魚塊，炒至變色，加義大利麵醬、番茄醬、白砂糖、少許鹽炒勻，倒入少許清水，大火熬煮至湯汁濃稠。

❺ 在煮湯汁的同時，將義大利麵放入另一鍋開水中，煮至無硬心，撈出過溫水，瀝乾，盛入盤中。

❻ 將龍利魚香芹湯汁淋在義大利麵上，放入香芹葉碎，吃時拌勻即可。

烹煮訣竅

1.龍利魚放入鍋中稍微翻拌即可，避免過於用力導致散碎，影響美觀。
2.熬煮的龍利魚香芹湯汁盡量濃稠一些，避免拌義大利麵時湯汁太多，影響口感。

有魚的
輕食
4
CHAPTER

低脂又健康
鱘魚子蔬菜沙拉

⧗ 10分鐘　簡單

特色

不要看到鱘魚子就覺得烹煮起來很難，鱘魚子洗淨，生食就可以了，撒在五顏六色的蔬菜上面，淋上油醋汁，低脂又健康，減肥時不妨來一盤補充能量吧！

主食材

鱘魚子25克
紫甘藍（紫椰菜）50克

副食材

菊苣20克
小黃瓜（小青瓜）半根
胡蘿蔔半根
聖女番茄（車厘茄）6顆
熟玉米粒20克
熟青豆20克
黃椒20克
紅椒20克
檸檬半顆
油醋汁適量

做法

❶ 鱘魚子洗淨，瀝乾水分。

❷ 紫甘藍洗淨、切絲；菊苣洗淨、撕成絲；胡蘿蔔去皮、洗淨；小黃瓜洗淨，分別切片。

❸ 聖女番茄洗淨，切成兩半；黃椒、紅椒洗淨，切絲。

❹ 備好的蔬菜放在盤中，再放上鱘魚子，擠入檸檬汁，淋入油醋汁，吃時拌勻即可。

烹煮訣竅

擠入檸檬汁可以減輕魚子的腥味，但也不要放太多調味品，否則會蓋住魚子的鮮味。

特色

無暇煮飯時，打開鮮美的鮪魚罐頭，撒入一些即食燕麥片和紫薯塊，放點喜歡的調味醬，稍微拌一拌，製作簡單，有魚有主食，健康又飽足。

主食材

鮪魚（吞拿魚）罐頭300克

副食材

紫薯80克
即食燕麥片40克
枸杞子20粒
蛋黃醬1湯匙
千島醬1湯匙

烹煮訣竅

1.紫薯蒸熟放涼後更容易切塊，而且拌入沙拉中口感更好。
2.如果覺得燕麥片口感太乾，可加入少許牛奶調和一下。

繁忙時就做它吧！

鮪魚紫薯燕麥沙拉

⧗ 15分鐘　簡單

做法

❶ 紫薯洗淨，放入蒸鍋中蒸熟去掉外皮，切成小塊。

❷ 鮪魚罐頭取出搗碎。

❸ 枸杞子洗淨待用。

❹ 將準備好的食材一同放入盤中，依序均勻地淋入蛋黃醬和千島醬，吃時拌勻即可。

入口超滿足

鮪魚雞蛋盅沙拉

20 分鐘　簡單

特色

將鮪魚搗碎，和其餘的食材攪拌好，放在雞蛋盅裡，一口一個，吃得過癮，營養也很豐富。

主食材

鮪魚（吞拿魚）罐頭100克
雞蛋1顆

副食材

聖女番茄（車厘茄）2顆
熟玉米粒10克
熟青豆10克
洋蔥10克
千島醬2湯匙
沙拉醬1湯匙
歐芹葉（番茜葉）少許

做法

❶ 雞蛋放入冷水中，開大火煮熟，剝去殼，切成兩半，挖出雞蛋黃搗碎，蛋白做盅。

❷ 聖女番茄洗淨、切碎；洋蔥去皮、切碎；罐頭鮪魚搗碎。

❸ 將蛋白圓形那頭的底部切平，站著放在盤中。

❹ 將鮪魚碎、雞蛋黃、聖女番茄碎、洋蔥碎、熟玉米粒、熟青豆粒混合，加入千島醬拌勻，取適量放在雞蛋盅內。

❺ 在雞蛋盅上面均勻地淋入沙拉醬，點綴上歐芹葉即可。

烹煮訣竅

雞蛋從冷水下鍋至出鍋5分鐘即可，此時的蛋黃凝固，口感最嫩，做沙拉最適合。

方便美味又營養

鷹嘴豆鯛魚罐沙拉

30分鐘　簡單

特色

一層疊一層地放在玻璃罐中，外出攜帶或做便當都很合適，不僅存放方便還能減少烹煮的麻煩，入口時，每一層都帶來不一樣的味覺享受。

主食材

鯛魚肉 100 克
鷹嘴豆 25 克

副食材

熟玉米粒 20 克
聖女番茄（車厘茄）6 顆
酪梨（牛油果）半顆
即食燕麥片 10 克
紫甘藍（紫椰菜）20 克
壽司醬油 2 湯匙
壽司醋 2 湯匙
白糖 1/2 茶匙
檸檬半顆
醬油 2 湯匙
料理米酒 2 湯匙
胡椒粉 1/2 茶匙
橄欖油 2 湯匙
鹽適量

烹煮訣竅

將鯛魚肉炒熟、鷹嘴豆煮熟，分別放涼後再放入瓶罐中，可以延長存放的時間，也不會影響蔬菜清脆的口感。

做法

❶ 鯛魚肉洗淨，切成 2 公分的塊狀，加醬油、料理米酒、胡椒粉、適量鹽抓勻，醃製 20 分鐘。

❷ 鷹嘴豆洗淨，放入開水中煮熟，撈出瀝乾水分。

❸ 酪梨去核、去殼，切成 2 公分的塊狀；紫甘藍洗淨、切絲；聖女番茄洗淨，切成兩半。

❹ 平底鍋中倒入橄欖油，燒至五成熟時，放入鯛魚肉炒熟，盛出。

❺ 將壽司醬油、壽司醋、白糖混合，擠入檸檬汁，調成醬汁。

❻ 取一個罐裝玻璃瓶，從瓶底至瓶口依序放入熟玉米粒、聖女番茄瓣、鷹嘴豆、酪梨塊、即食燕麥片、鯛魚肉塊、紫甘藍絲，再淋入醬汁即可。

好吃到連渣都不放過

海苔魚鬆蛋糕

⧖ 45 分鐘　 簡單

特色

烹製鮭魚，一切繁瑣都值得。在這款蛋糕中，加入清脆的海苔碎，抹在戚風蛋糕的表層，咬一口，掉落下少許蛋糕渣，急忙接住再塞回嘴裡，一點兒也捨不得浪費！

主食材

鮭魚（三文魚）200克
海苔2片
戚風蛋糕3塊

副食材

檸檬1顆
鹽適量
沙拉醬3湯匙

烹煮訣竅

1.捏碎鮭魚時，要檢查是否有魚骨、魚刺殘留，若有要取出，以免影響口感。
2.鮭魚本身含有豐富的油脂，因此不要再放油炒，否則會增加攝油量。

做法

❶ 檸檬洗淨，切成兩半，擠出檸檬汁；海苔搗碎。

❷ 鮭魚洗淨，切成小塊，加檸檬汁和適量鹽拌勻，醃製20分鐘。

❸ 醃好的鮭魚冷水下鍋，中火煮8分鐘，撈出後瀝乾水分，用手捏碎。

❹ 平底鍋加熱，放入鮭魚碎，中小火不斷翻炒，炒至水分收乾。

❺ 炒好的鮭魚碎放入調理機中打成松茸狀，加入海苔碎拌勻。

❻ 在戚風蛋糕的外層均勻塗抹一層沙拉醬，放入鮭魚鬆中翻滾，再裹滿海苔魚鬆即可。

慕斯界的新亮點

鮭魚香橙慕斯

⏳ 20 分鐘　簡單

特色

慕斯的選材不僅侷限於果蔬和奶油，即便跨界的食材也能輕鬆掌握。打破思維，用鮭魚做一道慕斯甜點，酸甜綿軟，入口即化。

主食材

鮭魚（三文魚）200 克
香橙1 顆

副食材

淡奶油（淡忌廉）250 克
白砂糖60 克
吉利丁片（魚膠片）1 片
混合堅果碎5 克
迷你 Oreo 4 片
檸檬2 顆

烹煮訣竅

檸檬汁可以去腥，香橙的酸甜也可以蓋住鮭魚的腥味，做出來的甜品不會感覺有魚腥味。

做法

❶ 檸檬洗淨，切成兩半，擠出檸檬汁；香橙去皮、切塊。

❷ 鮭魚洗淨，淋入檸檬汁，醃製20 分鐘，放入開水煮8 分鐘，撈出後搗碎。

❸ 吉利丁片放入清水中泡軟。

❹ 鮭魚碎、香橙塊一同放入調理機中，加入30 克白砂糖、吉利丁片，打成細膩的鮭魚糊。

❺ 往淡奶油中分三次加入剩餘白砂糖，打發至奶油硬性發泡。

❻ 將鮭魚糊和打發奶油混合在一起，翻拌均勻，倒入慕斯杯中，放入冰箱冷藏3 小時，待固定後取出。

❼ 在鮭魚慕斯上點綴奧利奧、混合堅果碎即可。

只想細細品味

鮪魚千層蛋糕

⌛ 60 分鐘　簡單

特色

拉開鮪魚罐頭，和其他果蔬攪打成泥，一層一層塗抹在餅皮上，香甜的味道中透露出鮪魚的鮮美。小心翼翼地切下一角千層蛋糕，用叉子刮一點，細細品味。

主食材

鮪魚（吞拿魚）罐頭300克
麵粉150克
牛奶200毫升

副食材

胡蘿蔔半根
酪梨（牛油果）1顆
檸檬半顆
雞蛋2顆
淡奶油（淡忌廉）30克
橄欖油2毫升
白糖3湯匙
鹽適量

攤好的餅皮不要疊放，容易黏在一起，可以隔烘焙紙或分開放。

做法

❶ 胡蘿蔔洗淨、去皮，切成小塊，放入開水中煮軟，撈出後搗成泥。

❷ 罐頭鮪魚搗成泥；酪梨去核、去殼，搗成泥；混合在一起，加入胡蘿蔔泥，擠入檸檬汁，加少許鹽，拌勻成鮪魚果蔬泥。

❸ 雞蛋打入碗中，加入白糖，攪拌至白糖融化。

❹ 再倒入牛奶、淡奶油、橄欖油攪拌均勻，加入過篩的麵粉，攪拌成細膩的麵糊。

❺ 平底鍋加熱，不放油，每次取適量麵糊倒入平底鍋中晃勻，攤成多個圓形的餅皮。

❻ 在兩層餅皮之間鋪一層鮪魚果蔬泥，依照此方式向上放，並盡量保持每張餅皮都放平，待完成後即可享用。

綿軟脆嫩又鮮美

鮭魚卵菠菜可麗餅

⌛ 50分鐘　🍳 簡單

特色

菠菜汁渲染了整個麵糊，變成綠油油的可麗餅，加上鮭魚卵及多種蔬菜，一口吃下去，柔軟的可麗餅夾著脆嫩的餡料，整個嘴裡都是魚卵的鮮美味道。

主食材

鮭魚卵（三文魚籽）100克
菠菜40克
麵粉80克

副食材

牛奶200毫升
雞蛋2顆
胡蘿蔔半根
小黃瓜（小青瓜）半根
菊苣40克
酪梨（牛油果）半顆
火腿40克
橄欖油20毫升
沙拉醬3湯匙
鹽適量

做法

❶ 菠菜洗淨、切段，放入調理機中打成菠菜泥，過濾出渣，留菠菜汁。

❷ 菠菜汁中打入雞蛋，倒入牛奶和橄欖油，加適量鹽，攪拌均勻，再加入過篩的麵粉，調成細膩的菠菜麵糊。

❸ 平底鍋中不放油加熱，每次取適量麵糊倒入鍋中晃勻，攤成多個可麗餅皮，放在一旁待涼。

❹ 鮭魚卵洗淨，瀝乾水分；胡蘿蔔洗淨、去皮；小黃瓜洗淨，分別切條。

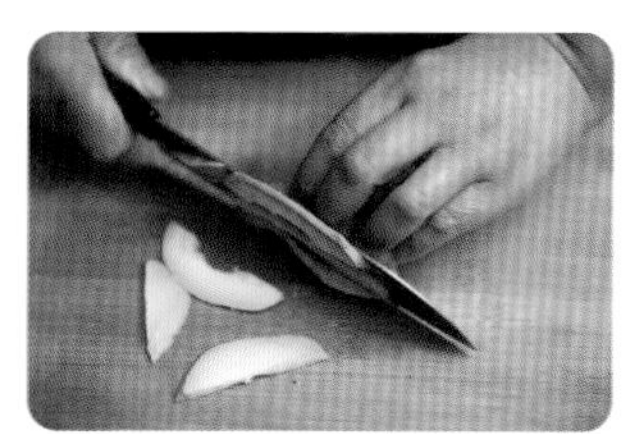

❺ 菊苣洗淨，撕成絲；酪梨去殼、去核，切成條；火腿切成條。

❻ 將鮭魚卵、果蔬條、火腿條分成均等的幾份，分別放入可麗餅中，淋入沙拉醬，從下而上卷起即可。

烹煮訣竅

麵粉過篩後和出來的麵糊口感更細膩，攤出的可麗餅柔軟無顆粒。

吃出多層次美味

鱈魚派

50分鐘　簡單

特色

將鱈魚排醃製入味，夾在兩張酥脆的手抓餅皮中，為避免膩口，放幾根清新的蘆筍，鮮嫩、香酥、清脆、奶香……多層次口感成就了此一美味。

主食材

鱈魚排200 克
手抓餅皮2 張

副食材

蘆筍5 根
黑胡椒粉 1/2 茶匙
檸檬半顆
莫札瑞拉起司碎（mozzarella 芝士碎）50 克
橄欖油2 湯匙
鹽適量

烹煮訣竅

手抓餅皮要完全包住鱈魚排，並把周邊壓緊，以防止起司碎溶化流出，影響成品賣相及口感。

做法

❶ 鱈魚排洗淨，用廚房紙巾吸乾水分，擠上檸檬汁，撒入黑胡椒粉和適量鹽，醃製20 分鐘。

❷ 蘆筍洗淨，切成小段。

❸ 平底鍋中倒入橄欖油，燒至五成熱時放入蘆筍段炒熟。

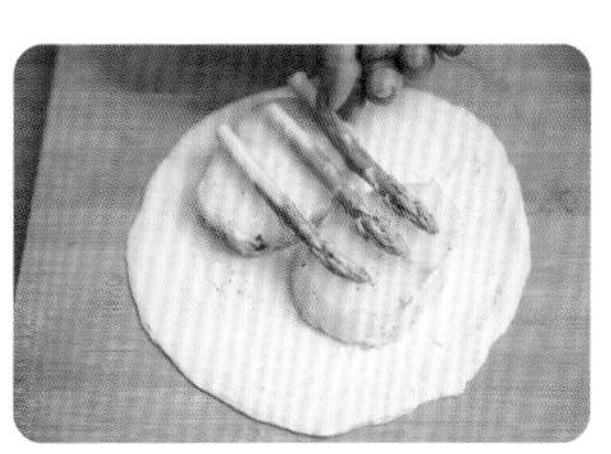

❹ 手抓餅皮擀薄一些，將醃好的鱈魚排放在其中一片手抓餅上，再鋪上蘆筍段。

❺ 鱈魚排上方撒滿莫札瑞拉起司碎，把另一片手抓餅皮覆蓋上去，周邊捏緊，用叉子壓出花紋。

❻ 放入預熱好的烤箱中層，上下火200 ℃ 烤15 分鐘即可。

熱狗“大變身”

秋刀魚麵包

120 分鐘　困難

特色

在熱狗麵包的基礎上加以改造，原來的熱狗變成秋刀魚，經過一番烤製，烤箱的高溫逐漸把魚皮變得焦脆。麵包綿軟，秋刀魚鮮美，最適合早餐時食用。

主食材

秋刀魚4 條
麵粉 250 克

副食材

牛奶 150 毫升
細砂糖 30 克
蛋白 1 湯匙
酵母粉 1/2 茶匙
奶油（牛油）30 克
醬油 2 湯匙
白醋 2 湯匙
黑胡椒粉 1/2 茶匙
檸檬 1 顆
薑 2 克
橄欖油 2 湯匙
沙拉醬 3 湯匙
鹽適量

烹煮訣竅

1. 將牛舌餅擀成與秋刀魚一樣的長度，如果秋刀魚太長，可以中間切開或選擇小一點的秋刀魚。
2. 牛奶和酵母水加在一起和麵，如果水量太多影響麵糰，可以減少牛奶用量。

做法

❶ 牛奶中加入細砂糖攪拌至融化；酵母粉加適量溫水活化溶解。

❷ 牛奶、酵母水倒入麵粉中，加少許鹽，分三次加入融化好的奶油，揉成光滑的麵糰，包上保鮮膜，發酵至2倍大。

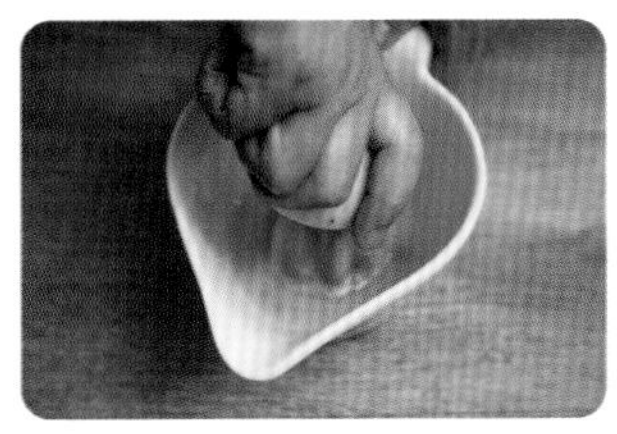

❸ 薑去皮、切絲；檸檬洗淨，切成兩半，擠出檸檬汁。

❹ 秋刀魚清理乾淨，在魚身兩側各劃幾刀，加醬油、白醋、黑胡椒粉、檸檬汁、薑絲、適量鹽醃製20 分鐘。

❺ 平底鍋中倒入橄欖油，燒至五成熟時放入秋刀魚，小火煎至七成熟。

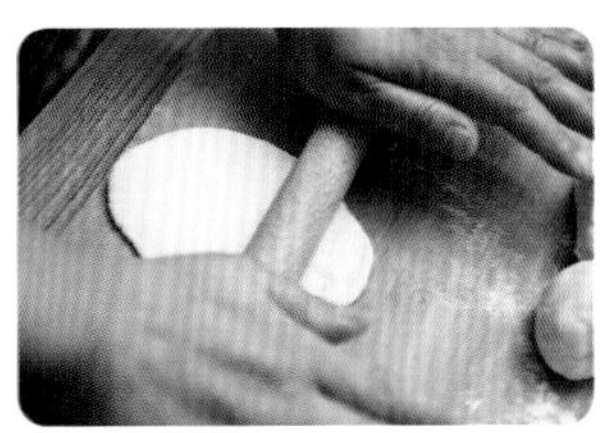

❻ 發酵好的麵糰撕掉保鮮膜，分成等分的小麵糰，再擀成牛舌餅的形狀成麵包體，放入烤盤中進行二次發酵。

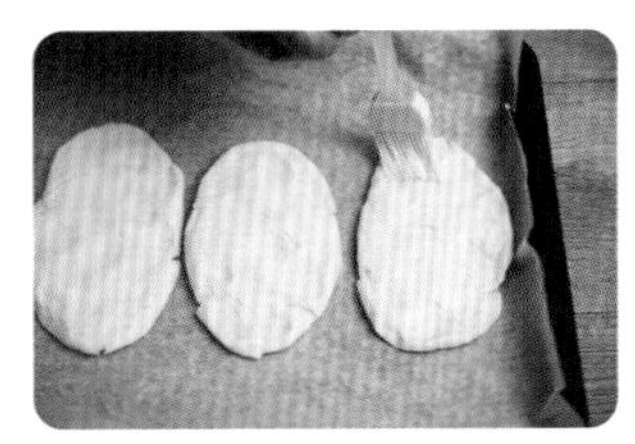

❼ 待麵包稍微有些膨脹，表面刷一層蛋白，取一條秋刀魚放在麵包的中間，輕輕按壓一下。

❽ 麵包表層分別擠上適量沙拉醬，放入預熱好的烤箱中層，上下火180℃ 烤25 分鐘即可。

俘獲人心的美味

沙丁魚蒜香法棍

40 分鐘　簡單

特色

法棍怎麼吃都能俘獲人心，和蒜蓉配在一起，根本無法抗拒，再抹上一層沙丁魚泥，大大提升了鮮美度。

主食材

沙丁魚100克
法棍（法式麵包）切片8片

副食材

蒜6瓣
香蔥2根
已融化奶油（牛油）2湯匙
醬油1湯匙
料理米酒1湯匙
胡椒粉1/2茶匙
鹽適量

做法

❶ 沙丁魚洗淨，切成小塊，加醬油、料理米酒、胡椒粉、適量鹽醃製20分鐘，放入調理機中打成泥。

❷ 蒜去皮、搗成蓉；香蔥去根、洗淨、切碎。

❸ 蒜蓉與奶油混合，攪拌均勻成蒜蓉奶油。

❹ 法棍切片上塗抹一層蒜蓉奶油，再鋪一層沙丁魚泥，撒入香蔥碎，擺入烤盤。

❺ 放在預熱好的烤箱中層，上下火200℃烤10分鐘，至金黃焦脆即可。

烹煮訣竅

蒜蓉要搗得非常細膩，與奶油混合的口感才好，烤出來的法棍蒜香更濃郁。

海鮮風味來襲

魚蓉燕麥餅乾

50 分鐘　中等

特色

喜歡吃餅乾的有福啦！海鮮口味的餅乾，香酥可口，完全沒有海鮮的腥味，自己做的，吃得更放心。

主食材

鮪魚（吞拿魚）罐頭150克
普通麵粉60克
全麥麵粉20克
即食燕麥片45克

副食材

小蘇打1/2茶匙
細砂糖25克
已融化奶油（牛油）50克
蜂蜜2湯匙

烹煮訣竅

鮪魚泥的湯汁要瀝乾，才能保證餅乾麵糊鬆散偏乾，烤出來的口感更酥脆。

做法

❶ 鮪魚罐頭取出，瀝乾湯汁，搗成蓉。

❷ 將即食燕麥片、細砂糖、鮪魚蓉放入大碗中。

❸ 將普通麵粉、全麥麵粉、小蘇打混合，過篩到盛有即食燕麥片的大碗中，翻拌均勻成乾性食材。

❹ 將融化好的奶油和蜂蜜混合，攪拌均勻，把乾性食材倒入奶油蜂蜜混合液中，翻拌均勻成餅乾麵糊。

❺ 取適量餅乾麵糊，先搓成球形再壓扁，放在烤盤上，整理完成後放入預熱好的烤箱中層，上下火180℃烘烤20分鐘即可。

家庭自製零食

椒鹽酥脆魚骨

⌛ 110 分鐘 簡單

特色

處理魚片下來的魚骨若扔掉真是太可惜了，醃一醃、烤一烤、炸一炸，只需三步驟，家庭自製的小零食即完成。乾淨衛生，而且含有豐富的鈣質，放入密封罐內能儲存很久呢！

主食材

魚骨200克

副食材

醬油2湯匙
料理米酒2湯匙
胡椒粉1/2茶匙
椒鹽粉5克
薑3克
香草鹽適量

做法

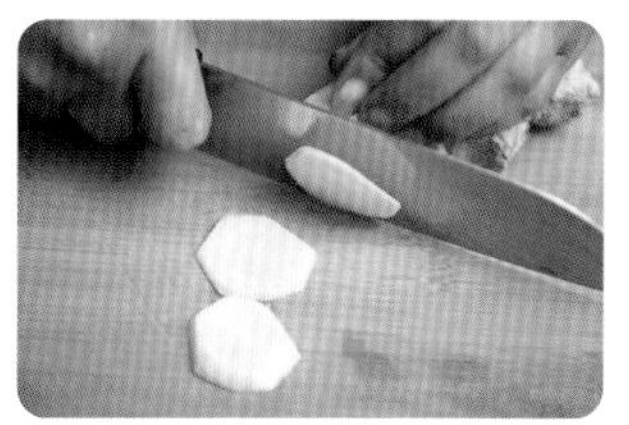

❶ 薑去皮，切片。

❷ 魚骨洗淨，用廚房紙巾吸乾水分，剁成小塊，加醬油、料理米酒、胡椒粉、薑片、適量香草鹽拌勻醃製1小時。

❸ 醃好的魚骨放入烤盤中，放入預熱好的烤箱中層，上下火90℃烘烤25分鐘。

❹ 取出魚骨，再放入氣炸鍋中，溫度設為200℃炸15分鐘。

❺ 將炸好的魚骨均勻撒入椒鹽粉拌勻即可。

烹煮訣竅

先將魚骨放入烤箱中，烤乾魚骨中的水分再炸，口感更酥脆。

廢棄的魚鱗也有春天

酥炸魚鱗

⌛ 20 分鐘　難度 簡單

特色

魚鱗不僅營養豐富，而且非常美味。若擔心腥味太重，只要洗淨表層黏液，加點調味料，放入油鍋中一炸，那種酥香脆嫩的口感，絕對讓你意想不到！

主食材

魚鱗200克

副食材

雞蛋1顆
料理米酒2湯匙
醬油2湯匙
米醋2湯匙
胡椒粉1/2茶匙
椒鹽粉1/2茶匙
太白粉（生粉）5克
橄欖油60毫升
鹽適量

烹煮訣竅

1.魚鱗表層附有黏液，要反覆沖洗至半透明，即可去除大部分腥味。
2.魚鱗裹上太白粉後，要用手揉搓幾遍，避免有魚鱗黏在一起，炸不透。

做法

❶ 雞蛋打散成蛋液。

❷ 魚鱗反覆洗淨，用廚房紙巾吸乾水分，加蛋液、料理米酒、醬油、米醋、胡椒粉、適量鹽拌勻，醃製2小時。

❸ 將太白粉倒入魚鱗中拌勻，讓每片魚鱗都裹滿太白粉。

❹ 鍋中倒入橄欖油，燒至五成熱時，放入魚鱗，炸至金黃盛出，瀝乾油分。

❺ 再均勻撒入椒鹽粉調味即可。

海鮮版心太軟

魚泥棗

40分鐘　簡單

特色

綿軟的糯米替換成混合的龍利魚泥，完全變成另一種風味。紅棗的甜蜜加上龍利魚的鮮美相互融合，不得不承認這是一種神奇的存在。把蒸的烹煮方法換成炸也非常值得期待。

主食材

龍利魚100克
紅棗10顆

副食材

檸檬1顆
甜米酒2湯匙
蜂蜜3湯匙
糯米粉10克
白芝麻2克
乾桂花3克

烹煮訣竅

1.紅棗浸泡後再去核，可以減少棗中糖分的流失。
2.紅棗提前浸泡一下，蒸出來的口感不會乾。

做法

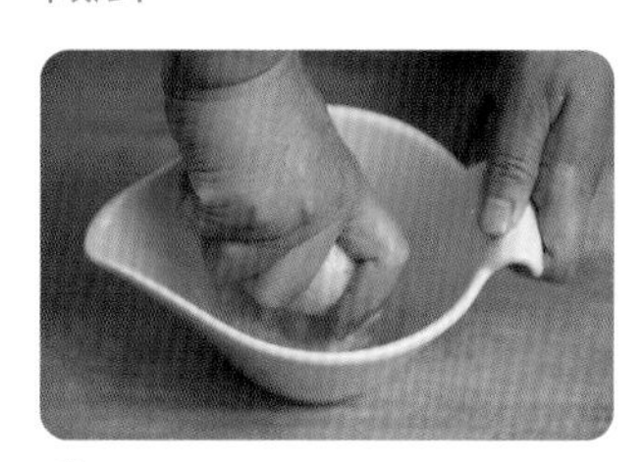

❶ 檸檬洗淨，切成兩半，擠出檸檬汁。

❷ 紅棗洗淨，在清水中浸泡30分鐘，去核，從紅棗的中間切開，但不要切斷。

❸ 龍利魚解凍，用廚房紙巾吸乾水分，切成小塊，放入調理機，擠入檸檬汁，打成細膩的魚泥。

❹ 魚泥中加入甜米酒、糯米粉、白芝麻、乾桂花攪拌均勻。

❺ 根據棗的大小取適量拌好的魚泥，用湯匙填入紅棗中，成魚泥棗。

❻ 蒸鍋中加適量清水煮滾，放入魚泥棗，大火蒸10分鐘，吃時淋入蜂蜜即可。

孩子可以放心吃

炸魚薯條

60 分鐘　簡單

特色

孩子愛吃魚又愛吃薯條，怎麼辦？來個結合版的吧！龍利魚肉細刺少，給孩子吃也放心，裹上薯泥、沾滿雞蛋和麵包糠，放在新鮮的油中炸熟，相信孩子會非常喜歡的。

主食材

龍利魚200克
馬鈴薯100克

副食材

雞蛋2顆
牛奶20毫升
麵包糠100克
番茄醬3湯匙
醬油2湯匙
料理米酒2湯匙
黑胡椒粉1/2茶匙
橄欖油60毫升
鹽適量

烹煮訣竅

1.建議過油炸兩遍，一炸可使魚薯條定形不易散碎，二炸可炸出酥脆的口感。
2.醃製好的龍利魚條先沾取醬汁再裹滿馬鈴薯泥，這樣馬鈴薯泥更容易沾附在龍利魚條上。

做法

❶ 龍利魚洗淨，用廚房紙巾吸乾水分，切成手指粗細的長條，加醬油、料理米酒、黑胡椒粉、適量鹽拌勻，醃製30分鐘。

❷ 馬鈴薯洗淨、去皮，切成小塊，放入蒸鍋中蒸熟，再搗成泥，加少許鹽、牛奶拌勻。

❸ 雞蛋打散成蛋液。

❹ 鍋中倒入橄欖油，燒至五成熱。

❺ 取適量馬鈴薯泥，將龍利魚條包裹起來。

❻ 再沾滿蛋液，裹滿麵包糠，放入油鍋中炸至金黃，撈出瀝乾油分，沾番茄醬食用即可。

上等美味，四季皆宜

軟滑魚皮凍

⌛ 80 分鐘　　簡單

特色

肉皮凍、魚皮凍都是下酒好菜，拌米飯吃也香。放在冰箱裡，吃的時候取出切塊，入口即化，濃郁醇香。

主食材

鮭魚皮（三文魚皮）500 克

副食材

薑5 克
大蔥300 克
蒜5 瓣
八角2 個
香葉1 片
花椒粒5 克
花雕酒60 毫升
胡椒粉 1/2 茶匙
醬油3 湯匙
濃醬油1 湯匙
白糖 1/2 茶匙
橄欖油2 湯匙
鹽適量

做法

❶ 鮭魚皮洗淨，切成條，加30 克花雕酒、胡椒粉、適量鹽醃製30 分鐘。

❷ 薑去皮、切片；大蔥去皮、切段；蒜去皮、拍扁。

❸ 將八角、香葉、花椒粒一同放入湯鍋中備用。

❹ 炒鍋中倒入橄欖油，燒至五成熱時，放入薑片、大蔥段、蒜瓣爆香，放入醃好的鮭魚皮炒至微卷。

❺ 加醬油、濃醬油、白糖及剩餘花雕酒，倒入適量清水，煮滾後轉移至準備好的湯鍋中，中小火熬煮至濃稠。

❻ 魚皮湯中加適量鹽調味，熬煮好的湯過濾雜質後倒入容器中，自然待涼，放入冰箱冷藏3 小時，待凝固後切成小塊即可食用。

烹煮訣竅

1.鮭魚皮上的魚鱗一定要清理乾淨，否則會影響口感。
2.如果喜歡吃辣的，不妨加幾根乾辣椒，更下飯。

脆脆的，好好吃
椒鹽脆魚皮

⌛ 50 分鐘　簡單

特色

魚皮醃製幾分鐘，沾上蛋液和太白粉炸至酥脆，吃起來絲毫不會比魚肉的味道遜色。

主食材

鮭魚皮（三文魚皮）500 克

副食材

醬油 2 湯匙
料理米酒 2 湯匙
胡椒粉 1/2 茶匙
雞蛋 2 顆
太白粉（生粉）10 克
橄欖油 60 毫升
香蔥 1 根
椒鹽粉 1/2 茶匙
鹽適量

做法

❶ 鮭魚皮洗淨，用廚房紙巾吸乾水分，切成小塊，加醬油、料理米酒、胡椒粉、適量鹽拌勻，醃製 30 分鐘。

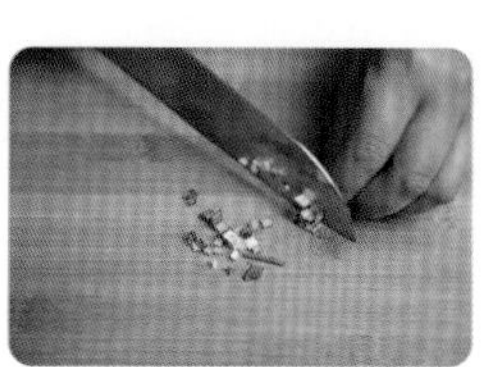

❷ 雞蛋打散成蛋液；香蔥去根、洗淨、切碎。

❸ 鍋中倒入橄欖油，燒至五成熱。醃好的鮭魚皮裹滿雞蛋液，再裹滿太白粉，放入油鍋中炸至金黃，撈出瀝乾油分。

❹ 在鮭魚皮上撒上椒鹽粉和香蔥碎調味即可。

烹煮訣竅

鮭魚皮中含有油脂，吃時沾點番茄醬或檸檬汁可以解膩。

特色

香酥的小魚乾是最解饞的小零食。自己做好吃又健康，看小說、追劇時來上一盤，真是莫大的享受！

主食材

小魚乾150克

副食材

蒜5瓣
大蔥30克
白砂糖1/2茶匙
醬油2湯匙
白芝麻2克
橄欖油3湯匙
蒜蓉辣醬2湯匙
番茄醬1湯匙
蜂蜜3湯匙
鹽適量

解饞的小零嘴

自製小魚乾

⌛ 60分鐘　簡單

做法

❶ 小魚乾洗淨，在清水中浸泡30分鐘，撈出後用廚房紙巾吸乾水分。

❷ 將小魚乾放在烤盤上，送入烤箱中層，上下火100℃烘烤15分鐘。

❸ 蒜去皮、切末；大蔥去皮、切片。

❹ 炒鍋中倒入橄欖油，燒至五成熱時，放入蒜末、大蔥片炒香。

❺ 再加入醬油、蒜蓉辣醬、番茄醬、白砂糖、適量鹽，中火炒勻，再放入烘烤過的小魚乾繼續翻炒。

❻ 炒至湯汁收乾時，淋入蜂蜜，撒入白芝麻炒勻即可。

烹煮訣竅

1.小魚乾浸泡在清水中，以便去除部分鹹味和腥味，做出來的魚乾更香甜。
2.炒魚乾時，千萬不可偷懶，要把湯汁炒至完全收乾，才能保證魚乾的香脆。

鮮甜奶香

鐵板起司馬步魚

⌛ 35分鐘　簡單

特色

馬步魚味道鮮香，在街邊吃燒烤時恨不得只吃馬步魚。回家自己醃點馬步魚，煎時撒點起司碎，在原本鮮甜的味道上又多了奶香，怎麼也吃不夠。

主食材

馬步魚（針魚）6 條
莫札瑞拉起司碎（mozzarella 芝士碎）30 克

副食材

甜米酒2 湯匙
蜂蜜1 湯匙
橄欖油少許
鹽適量

做法

❶ 馬步魚洗淨，加甜米酒和適量鹽醃製20 分鐘。

❷ 鐵板上刷一層橄欖油，放入馬步魚煎至兩面金黃。

❸ 在馬步魚的表面刷一層蜂蜜。

❹ 再撒入莫札瑞拉起司碎，待起司碎融化即可。

烹煮訣竅

1. 馬步魚上的水分不用瀝乾，否則煎出來的口感發硬。
2. 每條馬步魚上的起司碎不要撒太多，否則起司碎高溫變焦會影響口感。

特色

學會了這道魚腸，就會舉一反三做各種腸。自己做的腸全部真材實料，吃起來不僅過癮而且健康，涮火鍋、炒菜、做三明治……想怎麼吃都隨自己的意。

主食材

鱈魚300克

副食材

胡蘿蔔半根
雞蛋1顆
起司（芝士）15克
花雕酒2湯匙
太白粉（生粉）5克
胡椒粉1/2茶匙
橄欖油少許
鹽適量

真材實料，吃得過癮

自製魚腸

⌛ 35分鐘　簡單

做法

❶ 鱈魚洗淨，切成小塊；胡蘿蔔洗淨、去皮、切塊。

❷ 將鱈魚塊、胡蘿蔔塊、雞蛋、起司、花雕酒一同放入調理機中，打成細膩的魚泥。

❸ 盛出魚泥，加入胡椒粉、太白粉、適量鹽攪拌至黏稠。

❹ 在香腸模具中刷一層橄欖油，取適量拌好的魚泥倒入香腸模具中。

❺ 蒸鍋中加適量清水，放入魚腸蒸熟即可。

烹煮訣竅

在香腸模具中刷油是為了方便蒸好的魚腸脫模。

魚脯更勝肉脯

芝麻鯽魚脯

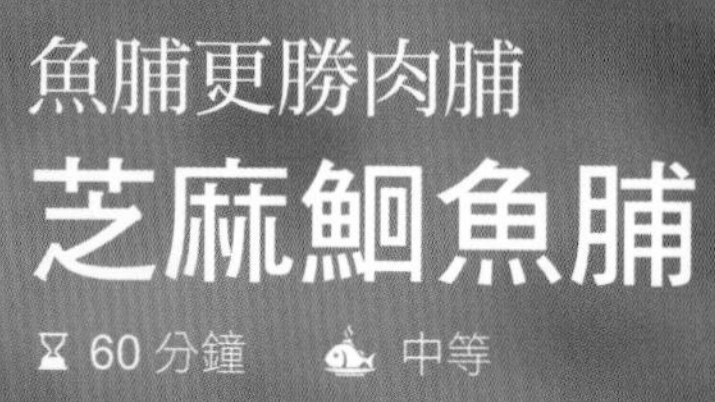

⌛ 60 分鐘　　中等

特色

吃太多肉脯，會無意間攝取過多的油脂。為了吃得更健康，可以把肉類換成魚類。同樣的製作方法，從選材上減少油脂量，做出來的魚脯味道也不輸肉脯呢！

主食材

鮰魚肉450克

副食材

太白粉（生粉）10克
雞蛋1顆
醬油3湯匙
料理米酒3湯匙
蠔油1湯匙
白糖1/2茶匙
黑胡椒粉1/2茶匙
蜂蜜1湯匙
白芝麻3克
鹽適量

烹煮訣竅

1.烤好的魚脯冷卻後切成小塊即可食用。
2.魚肉沒有豬肉、牛肉有彈性，所以要放點太白粉，或分次加清水攪拌，增加彈性。
3.不要直接刷蜂蜜，否則容易烤焦。

做法

❶ 鮰魚肉洗淨，切成小塊，放入調理機中打成細膩的魚泥。

❷ 把雞蛋加入魚泥中，加醬油、料理米酒、蠔油、白糖、黑胡椒粉、太白粉、適量鹽，分次加少許清水攪拌至黏稠。

❸ 蜂蜜加適量清水調成蜂蜜水。

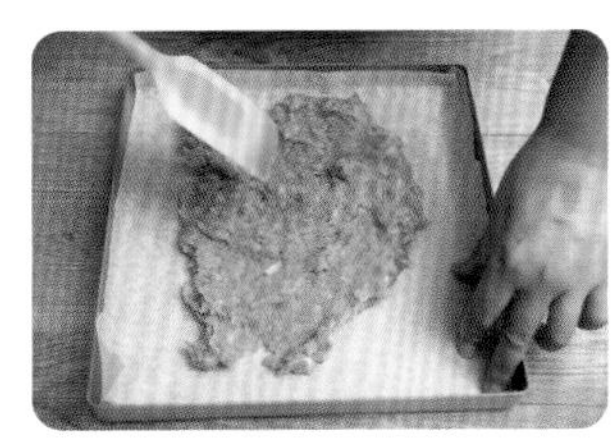

❹ 取一塊烤盤大小的烘焙紙墊在烤盤中，把攪拌好的魚泥倒在上面攤平，再鋪上一塊烘焙紙，用擀麵棍擀緊、擀實，越薄越好。

❺ 放入預熱好的烤箱中層，上下火180℃烘烤20分鐘取出，刷一層蜂蜜水，再放回烤箱繼續烘烤10分鐘。

❻ 再次取出烤盤刷一遍蜂蜜水，均勻撒入白芝麻，放回烤箱繼續烤5分鐘即可。

極品肥美
超鮮吃法全收錄！